施工现场固体废弃物综合处置

陈　蕾　主编

中国建筑工业出版社

图书在版编目（CIP）数据

施工现场固体废弃物综合处置/陈蕾主编. —北京：
中国建筑工业出版社，2021.6
ISBN 978-7-112-26167-3

Ⅰ. ①施… Ⅱ. ①陈… Ⅲ. ①施工现场—固体废物处
理 Ⅳ. ①X705

中国版本图书馆 CIP 数据核字（2021）第 094738 号

责任编辑：张幼平
责任校对：焦　乐

施工现场固体废弃物综合处置
陈　蕾　主编
＊
中国建筑工业出版社出版、发行（北京海淀三里河路 9 号）
各地新华书店、建筑书店经销
霸州市顺浩图文科技发展有限公司制版
北京建筑工业印刷厂印刷
＊
开本：787 毫米×1092 毫米　1/16　印张：10½　字数：178 千字
2021 年 6 月第一版　2021 年 6 月第一次印刷
定价：**48.00** 元
ISBN 978-7-112-26167-3
（37605）

版权所有　翻印必究
如有印装质量问题，可寄本社图书出版中心退换
（邮政编码 100037）

《施工现场固体废弃物综合处置》
编写委员会

主　编： 陈　蕾

副主编： 任志刚　冯大阔

编　委： 周子淇　胡睿博　何艳婷　李佳男　李智明

邓勤犁　刘嘉茵　沈　培　王　洋　孙延龙

赵　爽　于佳生　侯振国　胡国标　宋闻辉

崔　毙

前　言

党的十九大报告指出，我国经济已由高速增长阶段转向高质量发展阶段，要把保护生态环境看作是经济发展的首要准则，形成"绿水青山就是金山银山"的发展理念。建筑业为人类的生产、生活、发展创造了方便，但同时也消耗了大量资源，对环境的影响也是相当显著的。

进入21世纪以来，我国的城市化进程迅猛发展，随之而来的是每年产生的千万吨甚至是上亿吨的建筑垃圾。据统计，我国每年新增建筑面积超过25亿 m^2，占全球一半以上，目前我国建设工业化程度及施工技术水平普遍较低，据估算每新建1万 m^2 的建筑将产生550～600t固体废弃物，近几年每年固体废弃物总量约为15.5亿～24亿t，城市的垃圾与建筑有关的占到40%左右。大量建筑废弃物的产生不仅造成自然资源的浪费，而且对人类赖以生存的环境造成了污染，甚至威胁到了人们的生命安全。

与发达国家建筑工业化与机械化程度较高、建筑寿命普遍较长等相比，我国建筑结构形式多样，建筑材料量大面广，现场湿作业比例高，施工工序工艺繁杂，这些均直接导致施工现场固体废弃物种类繁多、数量巨大。解决当前我国施工现场固体废弃物综合处理难题，既是技术问题也是管理问题。

在此背景下，为响应我国建筑行业的绿色可持续发展，满足施工现场固体废弃物减排需要，科学技术部于2016年正式立项"十三五"国家重点研发计划项目"绿色施工与智慧建造关键技术"（编号：2016YFC0702100），该项目中课题三"施工现场固废减排、回收与循环利用技术研究与示范"由中国建筑一局（集团）有限公司牵头，武汉理工大学、中国建筑第七工程局有限公司共同参与。课题针对施工现场固体废弃物排放量大的问题，结合社会经济和技术水平发展的新形势，以提升施工现场固体废弃物综合处置水平为目标，依次按照分类、量化、减量化、收集、资源化五个方面，重点从施工现场固体废弃物量化计量、源头减量化技术与数字化防控工具、资源化利用成套技术与标准、综合处理设备等方面开展系统研究，形成施工现场固体废弃物综合处置成套解决方案并进行工程应用示范。

通过课题的实施，预期实现施工现场固体废弃物综合处置关键技术突破和产品创新，为下一步开展建筑垃圾综合治理提供科技引领和技术支撑，打造施工现场固体废弃物精益管理与科学处置的良性氛围。

目　　录

第1章　施工现场固体废弃物处置现状

近年来，城镇化进程持续推进，人口总量急剧增长，城市住房及公共设施建设已成为城市发展首先要解决的问题。为了满足城市发展的需要，建筑工程数量近些年迅速增长[1]。据统计分析（如图1-1所示），从2010年至2019年的十年间，我国建筑面积持续增加并达到144亿 m^2，整体翻了一番，其中新开工房屋建筑面积达到51.5亿 $m^{2[2]}$。根据《住房城乡建设事业"十三五"规划纲要》[3] 要求，"十三五"时期，城镇新建住房面积累计达53亿 m^2 左右，到2020年，城镇居民人均住房建筑面积达到 $35m^2$ 左右。规划中新建建筑工程增多，可看出我国城市发展的大规模趋势。

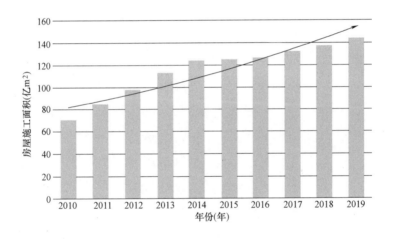

图1-1　近十年我国建筑业房屋施工面积统计（数据来源：国家统计局）

在新建建筑面积持续高增长的同时，建筑垃圾等固体废弃物也必然增多。据统计，近几年，我国每年建筑垃圾的排放总量约为15.5亿 t～24亿 t，约占城市垃圾总量的 40%[4]。而目前国内固体废物的资源利用率仍低于 10%[5]，绝大多数建筑固体废物未经任何处置，便被运往城市郊区或乡村空旷地区填埋处置或非法倾倒。这种做法不仅增加了建筑固体废物处置的运输成本，而且由于建筑固体废物成分复杂且具有一定危害性，还会对空气、土壤等自然环境产生巨大的影响。在运输过程中，散落的粉尘会降低空气质量；在堆放填埋过程中，建筑固体废物会降低土地的肥力，甚至渗透至地下水层，对人们生活用水造成危害[6,7]。此外，建筑固体废物不合理填埋也会极大地威胁居民的人身安全。例如，2015 年 12 月 20 日，广东省深圳市光明新区凤凰社区工业园由于不合理堆放工程渣土和施工现场固废，造成多栋楼房倒塌，91 人失联。

针对以上存在的问题，围绕建筑垃圾等固体废物，国家政策陆续出台。特别是 2020 年 4 月底出台了最新版《中华人民共和国固体废物污染环境防治法》，明确规定各级地方政府必须加强建筑垃圾等固体废弃物的全过程管理；2020 年 5 月，住房和城乡建设部发布的《关于推进建筑垃圾减量化的指导意见》明确规定：在 2025 年底，实现新建建筑施工现场建筑垃圾（不包括工程渣土、工程泥浆）排放量每万平方米不高于 300t。但是，由于施工现场固体废弃物（以下简称施工现场固废）量化及预测研究不充分，项目管理人员无法准确统计在建工程施工现场固废排放量，从而影响进一步采取有针对性的减量化措施。另一方面，国家出台的大部分政策仍集中于施工现场固废场外资源化利用策略，如何在施工现场内部对固废直接进行减排研究仍然存在较多局限。总之，尽管施工现场固废处理的问题已经引起相关政府管理部门、科研人员的注意，但总体而言，社会各界对施工现场固废减排的认识程度还不够。目前，人们较多关注施工现场产生的固废，关注施工现场固废对环境的影响和危害，很少关注施工现场固废是如何产生的，如何避免、减少，以及在固废处理的各个环节怎样去做等问题，没有充分认识到施工现场固废也是一种资源、可以循环利用，缺少如何对其避害趋利、变废为宝，加以利用问题的关注。

施工现场固废的减排工作不仅关乎项目的顺利完成与否，更与城市的绿色发展和人民生命安全密切相关。由于新建建筑工程建设环境的独特性、多变性及不可预知性，加上国内建筑行业的施工现场固废处理技术水平和管理理念与世界发达国家仍有很大的差距，在新建工程规模持续增长、建设发展速度较快的情况下，极易发生施工现场固废处理不当而对自然环境和社会环境造成危害的情况。施工现场固废减量化及资源化利用越来越成为建筑行业发展的头等大事，对建筑工程符合可持续性发展的国家战略起着基础支撑作用，关乎人与自然的和谐相处及社会的稳定。目前，我国新建工程施工现场固废减排、循环利用总体水平仍处于起步阶段，不断提高施工现场废弃物管理水平是建筑行业的迫切需求。在自然资源日益匮乏的现实条件下，如何减少施工现场固废的产生，并在产生后如何循环利用废弃物，使得建筑业可持续发展，将是亟待研究解决的问题。

1.1　施工现场固废量化技术研究进展

作为城市固废治理的重要组成部分，建筑固废处理产业发展滞后[8]，其中一个重要原因是缺乏对固废排放量的准确统计及预测。Li 等[9]认为，在固废管理方案中划分承包商在固废排放量测算中的职责，将有助于在施工过程中实现固废的减量化及资源化。Lu 等[10]提出固废量化工作是提高固废管理水平的关键一步。总之，施工现场固废量化作为固废研究的前提，是进行固废减量化、资源化的基础工作，统计施工现场固废的组成成分和排放量能够有效针对施工现场的实际情况进行分析并制定相应的固废减排措施。

1.1.1　量化方法研究现状

施工现场固体废弃物量化方法的研究对于促进施工现场固废管理水平意义重大。由量化方法获取固废排放量数据，进而推测整个新建工程的固废排放量，有助于项目管理人员制定有效的固废减量化措施，并通过不同项目之间排放量大小来评价施工现场固废管理水平[11,12]。虽然关于建筑废弃物量化方法的研究较多，但也同样存在着各种局限性，表 1-1 展示了较为典型的量化方法及各自的局限性。

在国内施工现场固废量化方法的研究文献中，一些研究通过面谈或者查阅工程定额的方式获取施工现场固废排放量的经验数据[9][13]，但这些数据由于其主观性强的原因，难以支撑现场管理人员对废弃物采取更加精细化的管理措施[14]。李景茹等[15]与施工单位的技术人员及项目经理面谈后，最终采用经验估计的方式确定不同类别固废的废弃率。这种估算方法与前者类似，存在主观性强的问题，且存在调研项目样本数量较少的缺陷，其结论的可信性往往较低。李亚帅等[16]基于质量守恒定律，利用工作结构分解图和材料分析法将工程项目分为四个层级，例如，单体建筑为第一层级，基础为第二层级，地基基础属于第三层级，墙基础属于第四层级。通过工程定额获取最低层级材料的损耗率，作为固废排放率的近似值，通过累加法得到整个建筑的固废排放量。但这种方法的局限性在于，材料的损耗率和固废排放率是有较大差别的，这种差别也会因项目特征的不同而发生变化[17]。

在国外，对施工现场固废量化的研究，尤其在施工现场固废管理水平

施工现场固废量化的典型研究 表 1-1

参考文献	研究地点	研究方法	局限性
Li et al.，2013[9]	中国大陆	$W_G = \sum_{i=1}^n W_i \times r_i + W_O$ W_G 指建筑工程施工现场固废产生数量（kg）；W_i 指采购材料的数量（kg）；r_i 指第 i 种材料的固废排放率（kg/m²）；n 指固废的种类分为 n 种；W_O 指不可分离固废的数量（kg）	r_i 和 W_O 均由项目管理人员根据经验得出。因此，主观因素对施工现场固废排放量的估算产生了很大影响
Cochran and Townsend，2010[19]	美国	$C_W = M \times w_c$ C_W 指施工现场固废数量；M 指采购的所有建筑材料数量；w_c 指固废排放量的平均值（kg/m²）	数据源来自美国建筑行业指南书，很难适用于其他地区及国家
Lu et al.，2011[10]	中国大陆	选取 4 个在建工程项目，在指定施工区域内，对建筑废弃物进行分类和称重 $W_{GR} = \dfrac{\sum_{i=1}^n m_i}{A}$ m_i 指一桶第 i 种废弃物的数量；n 指总共有 n 桶；A 指用于分类及称重的特定施工区域的施工面积	施工现场废弃物数据来源样本项目过小，数据的代表性、说服力较小；施工现场废弃物仅来源于主体结构阶段，忽略了地下阶段及装修、机电安装阶段
Lu et al.，2016[20]	中国香港	施工现场固废排放量来源于运输废弃物卡车的记录。该记录包括某个工程的废弃物运输车载重建筑废弃物的数量及卡车数量，可从香港环境保护署获取	中国内地大多数地区尚未对建筑废弃物运输车辆进行监管，因此，废弃物数量难以从相应记录获取
Katz and Baum，2011[21]	西班牙	施工现场固废的数量由分包商负责记录	只有施工现场固废总量的记录，而未分类进行排放量的记录
Lau et al.，2008[22]	马来西亚	用体积测量法估算施工现场固废的数量。例如，对于堆放的废弃物数量，用圆锥的体积公式近似计算，并乘以相应密度得到固废重量	体积近似测量法存在高误差的风险，对施工现场固废精细管理不利
Ding and Xiao，2014[14]	中国大陆	施工现场固废排放量数据来源于上海市统计年鉴	这种方法仅适用于施工管理水平较高的一些区域，中国内地大部分区域的统计年鉴尚无此类数据
Won et al.，2016[23]	韩国	依靠 BIM 平台的碰撞检测模块，识别由于设计错误导致的废弃物并计算其数量	这种方法仅适用于量化设计阶段产生的废弃物数量，对于废弃物实际产生数量巨大的施工阶段不适用
Bossink and Brouwers，1996[24]	荷兰	施工现场固废分类及数量记录在废弃物记录清单，调研 8 个具有代表性的分包企业的废弃物管理记录清单，清单中包括废弃物分类情况及对应数量	这些数据很难适用于建筑特征不同的其他区域

高的发达地区，常采用直接称重法或者卡车计量法，对施工现场固废排放量进行收集。Lu 等[10]持续 3 年跟踪 5 个新建项目，并对每个项目的建筑废弃物排放量进行称重，得到混凝土、木板、钢筋、砌块、砂浆、PVC 管等材料的废弃率。虽然该方法对本书量化方法的选取具有较大的启发意义，但由于该研究只对 5 个新建工程进行抽样调查，因此，统计后的废弃物排放量数据存在代表性有限的问题。为了减少废弃物数据收集的工作量，Poon 等[18]首先记录施工现场运输建筑废弃物卡车的来往数量，再乘以卡车的体积，以此来估算出整个项目排放的建筑废弃物数量。但考虑到我国大部分地区施工现场固废管理现状，难以持续跟踪并记录运输车辆的数量及容量。另一方面，国外的研究虽然采用了精确性高的直接称重法对施工现场固废排放量进行统计，但由于施工工艺、建筑特征等方面的不同，本研究难以采用国外建筑废弃物排放量的数据。

1.1.2　预测方法研究现状

施工现场固废量化研究是对某个项目或某个区域内已产生的固废排放量进行统计或估算，而施工现场固废预测研究是在已收集固废排放量数据的基础上，通过合理的预测方法对项目或区域内将要排放的施工现场固废数量进行推测。Wu 等[25]认为施工现场固废的预测工作，在项目层面，能够帮助项目管理人员更好地进行施工现场固废资源管理，在区域层面，能够协助区域主管部门制定更合理的施工现场固废排放量限值。

从项目层面来讲，李景茹等[26]采用现场人员经验值估算法，对 25 个新建项目进行问卷调查，得到混凝土、砌块、砂浆、瓷砖、钢筋、木模板的废弃物排放率，并通过简单算数平均法计算出它们的平均值并作为其他类似项目的预测值。但该方法过于简单，忽略了工程项目之间的差异性。针对工程项目的特殊性，De Guzman 等[27]识别出影响废弃物排放量的工程特征，比如铁路建设的长度、车站的个数、地下通道的个数，运用线性回归法预测西班牙铁路项目废弃物排放数量。但是，线性回归法呈现的是固废排放量和影响因素之间的线性关系，简化了两者之间原本复杂的非线性映射关系，从而也会降低预测的精度。同样地，Parisi 等[28]应用多元线性回归分析法对居住建筑废弃物排放量进行预测，选取废弃物产生数量作为因变量，选取总建筑面积、地上建筑面积、层数、地上层数与总层数之比、经济密度指数（EIC）、墙长所占建筑面积之比等 6 个特征因素作为自变量，实地调研后获得 18 个工程项目的样本集，并采用 spss 软件进行多元线性拟合分析，得到相应的预测模型，拟合系数 R^2 为 0.694。笔者认为该研究中拟合系数不高的主要原因是预测方法的选择不合理，没有解决影响因素复杂且不确定性因素多的问题。Cheng 等[29]利用 BIM 技术进行建模，通过嵌入材料信息、废弃物排放量等信息，达到预测废弃物产生量的效果。但基于 BIM 的预测模型仍然需要通过科学合理的量化方法准确地收集固废排放量数据为前提。为了增强预测的精确性，一些学者也考虑到了影响因素和排放量之间复杂的映射关系。Katz 等[30]对 10 个相对大型的施工项目（建筑面积在 $7000m^2$ 至 $32000m^2$）进行为期 1 至 2 年的跟踪调查，得到各个施工项目在结构阶段、二次结构阶段、装饰装修阶段分别产生的废弃物数量，并绘制出建设项目废弃物排放量随施工时间变化的趋势图，发现其大致符合指数函数的变化趋势。但这种预测手段需要每天记录固废排放量的数据，在国内现有的施工现场管理水平下，这种方法难以持续进行下去；Lu 等[31]则在 Katz 研究基础上，发现随着项目进展的推进，施工现场固废排放量呈现出"S"形曲线（S-curve）的变化趋势，然后利用人工神经网络技术在工程特征和废弃物产生量之间建立联系。但该研究中工程特征的选取过于简单，导致最终预测精度不够理想。

从区域层面来讲，Shi 等[32]采用两种方法分别对废弃混凝土的排放量进行预测。一是水泥产量预测法，他认为水泥作为混凝土中的一部分，有固定的占比，通过时间序列法预测水泥的产量即可推算出混凝土的产量，然后通过文献调研得到混凝土的废弃率，以此得出中国未来 20 年的废弃混凝土产量；二是建筑面积预测法，运用灰色预测法对未来 20 年建筑面积的产生量进行预测，通过文献调研得到每平方米建筑面积的混凝土废弃物产量，以此计算出中国未来废弃混凝土的产量。王桂琴[33]等通过分析北京市 1999 年至 2006 年的建筑垃圾产量，建立了建筑废弃物排放量预测的灰色模型，并对模型进行统计检验，以此预测未来 5 年北京市建筑废弃物总产量及不同类型建筑废弃物的产生量。周豪奇等[34]通过分析 2004—2013 年的建筑施工面积，利用面积估算法对建筑垃圾的产量进行估算。采用灰色预测模型对垃圾产量进行精确预测和分析，发现我国建筑废弃物的产量巨大，在未来几年内将呈现持续增长趋势。但区域层面的预测方法并没有考虑不同项目的固废排放量和影响因素之间的关系，忽视了项目的独特性，以至于无法保证施工现场固废的预测精度。

近些年，随着人工智能的发展，机器学习技术也越来越多地作为预测手段应用到工程造价领域[35,36]。但在施工现场固废排放量预测方面的探究还很有限。吴泽洲[37]曾采用基因表达式编程（GEP），以香港地区为例，搜集了香港地区 20 年来建筑废弃物排放量的数据，对香港 2011 年和 2012 年建筑垃圾的排放量进行预测。但该研究的预测方法是在区域层面应用的，在项目层面的应用效果还有待验证。案例式推理（Case-Based Reasoning，CBR）技术从 1980 年开始兴起，主要是利用先前的经验，来推导类似的案例[38]。但 CBR 自身存在缺陷，比如，只有在大样本的情况下才能确保推理分析的准确性[39]。而由于目前施工现场固废管理水平有限，固废排放量数据较难获取，因此要在大样本下完成预测分析具有一定难度。支持向量机技术（Support Vector Machine，SVM）具有高拟合性及自学习能力，在成本估算中被广泛使用[40]。但 SVM 技术需要验证方法及误差评价来确定合适的核函数及相关参数，增加了施工现场固废排放量预测的复杂性[41]。人工神经网络技术（Artificial neural networks，ANNs）模仿人类大脑的工作机制，被广泛应用于工程成本估算领域，并在相应研究中发现，ANNs 技术在预测方面优于 CBR 技术及 SVM 技术[42][43][44]。

总之，目前施工现场固废量化及预测在国内施工现场固废管理应用研究中尚处于探索阶段。本书的主要目的是选取符合施工现场固废管理水平现状的量化方法，来尽可能多地获取项目层面的统计数据，在构建科学合理预测模型的基础上，提升施工现场固废量化及预测的准确性。

1.2　施工现场固废减量化研究现状

施工现场固废减量化是固废源头治理的有效手段，能够从根本上解决固废产量大的问题。目前，关于固废减量化影响因素分析的研究比较多，包括设计阶段的设计方案、设计行为等对固废减量化的影响，以及施工阶段的施工方案、施工人员行为等对固废减量化的影响[45][46][47][48]。

在设计阶段的施工现场固废减量化影响因素方面，李政道[49]主要从建筑技术、设计师行为态度、设计师能力、外部制度等五个方面识别了设计阶段影响建筑废弃物减量化水平的主要因素，基于系统动力学理论及方法构建了包括减量化设计、废弃物管理、经济效益评估、环境效益评估四个子系统在内的建筑废弃物减量化设计评估模型，最后借助系统动力学软件 VENSIM 对深圳市的待建住宅项目进行了建筑废弃物减量化效果的模拟评估。研究结果表明，基于系统动力学理论所建立的减量化设计评估模型可以有效地评估在设计阶段实施建筑废弃物减量化后建筑废弃物的排放量、处理量、经济效益及环境效益等多项指标，但在施工阶段减量化影响因素如何发挥作用，研究中并没有提及。谭晓宁[50]在2011年通过大量的实证调查，借助环境行为理论和组织行为理论，多层面对建筑废弃物的减量化行为、动力机制以及管理模式进行了详细研究。通过研究发现，影响固废减量化最重要的因素是从业人员的环保意识，施工行为的监管力度和相关法律法规的健全程度，并且详细揭示这些因素对减量化影响的内在机理，建立相应的减量化行为决定因素模型。该研究虽然分析了施工阶段中影响因素的作用机制，但这些因素的选取主观性较强。为了解决因素分析主观性较强的问题，李景茹等[51]对4个工程项目进行实地调查和访谈，通过调查减量化措施在现场的执行情况，根据建筑废弃物产出量分析了减量化措施的有效性。研究通过定量分析，证实加强材料管理和人员管理，可以较大程度减少建筑废弃物的产生量。Ding等[52]也采用系统动力学的方法对建筑废弃物减量化的影响因素进行了定量分析，对建筑废弃物减量化研究具有一定的推动意义。在施工阶段施工现场固废影响因素的分析方面，郝建丽等[53]总结了施工阶段的施工操作、工地管理、产品运输方面产生废料的主要原因，包括施工现场管理和施工技术操作方面，缺乏以减量化为目标的质量管理体系。例如固废管理计划的缺失，建筑工地不整洁，操作不当造成材料断裂、损坏、丢失，设计不当导致土方开挖过多，完工后对成品保护不当等。该研究全面分析了施工阶段施工现场固废减量化影响因素的来源和作用机制，对本书在源头减量化方面的研究具有一定指导意义。

近年来，建筑信息模型（Building Information Modelling，BIM）作为数字建造技术中发展迅猛的技术之一，越来越多的学者着力研究其在建筑废弃物减量化措施优化方面的作用。根据美国国家BIM标准[54]，BIM是设施（建筑项目）的物理特性和功能特征的数字化表达，是一种设施信息共享的知识资源，为设施全寿命周期内的决策提供了可靠的信息支撑。Davies和Harty[55]将BIM定义为一个术语，用来表示一系列技术和相关措施的集合，这些技术与措施用于表示和管理设计、建造和运营建筑过程中使用和创建的信息。与传统的图纸或静态CAD文件相比，BIM是信息更丰富的"存储库"[56]，因为BIM具有存储不同类型信息的能力，并且包含有关项目的几何信息和非几何信息[57]。儿何信息包括大小、体积、形状和空间关系等信息，而非几何信息包括单个施工组件的类型、材料规格、施工进度表和成本等信息。Schlueter 和 Thesseling[58]认为 BIM 信息应包括几何、语义和拓扑信息。几何信息在三个维度上直接关系到建筑形式；语义信息描述了组件的属性，即更高级的规则和功能信息；拓扑信息则捕获了组件之间的依存关系。BIM 作为存储与处理不同类型信息的技术工具，应用于改善建筑业的多个方面，包括设计质量的提高，建设施工方案排练和优化，施工现场管理[59][60][61]，各参与方之间的协同工作[62]，避免建筑业存在的"信息孤岛"问题[63][64]，鼓励集成和协作模式，尤其是集成项目交付合作（IPD）模式[65]。BIM 甚至被认为是转变建筑行业的关键技术[61]。在这种大背景下，BIM 作为一种处理建筑垃圾管理（CWM）问题的有效手段，也逐步得到了推广。例如，拉夫堡大学的研究提倡"解构"建筑废弃物，运用"基因处理模型"分解设计流程，该项技术也被称为"设计结构矩阵（DSM）"，由校内团队开发并作为废弃物管理决策支持系统被推广。在他们最近的研究中，BIM 被视为提高建筑废弃物管理效率的有效决策支持工具[66]。英国建筑行业 2025 战略同样认为，BIM 能有效减少在设计阶段及施工阶段建筑废弃物的产生量[67]。

那么，BIM 技术怎样才能在建筑废弃物最小化中发挥作用？简单来说，BIM 模型以数字化的方式呈现了建筑物或构筑物的物理特征及功能特性，目的是加强信息间的交互作用。而信息管理主要目的又是确保准确的信息能够在合适的时间，以合适的形式，告诉合适的人，以便做出正确的决策。如果能够合理使用，BIM 技术就是给建筑废弃物管理决策者提供信息的高效平台。由于建筑工程具有资源密集性、一次性及不可重复性等特点，在设计及施工阶段经常会导致两个主要问题。第一，设计阶段的设计错误无法提前识别，最终导致一系列争端及损失，包括建筑废弃物的产生。第二，不同施工方案不能提前排演，往往依赖于工作人员的先验知识。一份不合理的施工方案可能会影响项目交付，包括产生过量建筑废弃物。而 BIM 技术可以模拟整个建造过程，提前预知设计及施工过程中的不确定因素，减少造成固废产生的可能性。不过，作为建筑工程的数字化呈现模型，BIM 模型本身并不能操控相关信息进行建筑废弃物管理决策。它需要依靠编写算法及程序才能运行。

目前，BIM 技术在施工现场固废的减量化研究主要集中在国外发达国家。在设计阶段，Jongsung Won 等[68]通过韩国的 2 个案例进行固废减量化的设计。案例一为两栋住宅建筑，建筑面积为 120000m^2，钢筋混凝土结构。通过 BIM 碰撞检测功能，共计识别 381 处设计错误，其中不合逻辑错误 68 处、因图纸差异导致出现设计错误 182 处、遗漏 135 处。结果显示，BIM 技术的使用避免了 15.2% 废料的产生，节省成本 23887 美元。案例二为建筑面积为 9998m^2 的体育建筑，通过 BIM 检测功能，识别 136 处设计错误，其中不合逻辑错误 78 处、因图纸差异导致出现设计错误 40 处、遗漏 18 处。结果显示，BIM 技术的使用减少了 4.3% 的废料，节省成本 1087 美元。该研究主要集中在设计阶段，通过 BIM 软件功能对设计图纸及方案进行模拟分析，提前指出可消除的、导致施工过程中产生固废的错误，具有较强的指导意义。在施工阶段，Porwal 等[69]曾使用 BIM 技术，探索钢筋混凝土废弃物产生率最小化的方法。该研究将 BIM 视为一个"中心"，融合建筑、结构、机电及暖通各专业相关信息，开发优化算法，减少钢筋混凝土废弃物的产生。但上述研究并没有将 BIM 技术集成在设计阶段与施工阶段的全过程，只集中在各自独立的阶段。

总之，我国的固废减量化水平还处于初级阶段，没有形成完善的减量化体系。在数字化建造的关键时期，国内对于 BIM 技术在固废减量化上的研究仍然凤毛麟角。国外大多数关于该方面的研究，也仅仅局限于框架研究阶段，尚未落实到具体软件开发层面。尽管国外有些文献中提到了软件具体开发的过程，但是在我国具体建设背景与环境下的适用性还有待验证。此外，目前的施工现场固废减量化主要采用 BIM 在设计阶段的设计失误检验功能来减少废弃物的产生，很少涉及施工阶段对固废的精细管理。

1.3 施工现场固体废弃物收集管理现状

目前，施工现场固体废弃物收集分类管理作为建筑行业垃圾处理的重要一环，无论在国家政策方面，还是在企业制度方面，管理不成系统且执行效果有待加强。

我国目前针对建筑废弃物管理，仅在《清洁生产促进法》《固体废弃物污染环境防治法》《城市建筑垃圾管理规定》中作了原则性的规定。我国部分一二线城市对建筑垃圾的管理工作做出了一些规定，基本形成了市、区二级管理体系。《城市建筑垃圾管理规定》中也规定各行政区内建筑垃圾的管理由城市人民政府市容环境卫生主管部门负责。而大部分城市政府对此尚未形成规范统一的制度和管理体系。根据建筑垃圾处理的不同环节，涉及的管理部门也各不相同，具体包括市建委、市环保局、市城管委、市发改委、市国土规划局、市交管局等部门。由于城市政府尚未对建筑垃圾管理问题予以足够重视，未形成统一的政策法规和完善的管理模式，各相关部门对于建筑垃圾的管理缺乏合作，存在分工不明确、工作不连贯、职责不清晰等诸多问题。一方面城市建设正如火如荼地进行着，建筑垃圾产量逐年递增，不仅加剧了城市土地资源紧张的局面，影响了社会经济发展，还对我们赖以生存的生态环境产生了难以逆转的负面影响，威胁着城市居民的生命健康；另一方面城市政府仍未对建筑垃圾问题予以足够重视，尚未建立统筹协调的建筑垃圾管理机制。可见，做好建筑垃圾管理工作迫在眉睫。

而在废弃物分类收集处理方面，工业发达国家远远走在了我们前面。美国在许多路面重建项目中都再生利用水泥混凝土路面材料，该项技术的使用已经取得了明显的环保、经济效益。日本政府在各地推行建立建材再生加工厂，主要用以处理废弃混凝土。因没有完善的建筑垃圾分类收集政策及体系，我国只在拆除旧建筑的过程中分拣出有变卖价值的废弃物，如废旧木料、废金属以及完好无损的砖块等，而对于含有混凝土块、碎砖块、砂浆块等类型的废弃物除了部分直接现场回填或者用作平整场地外，绝大部分未作任何处理的混合建筑废弃物都被运往郊外或乡村进行露天堆放或简易填埋。我国目前滞后的建筑废弃物管理观念导致建设活动过程产生的固体废弃物没有得到妥善处理。如果不尽快推广建筑废弃物有效的、完善的收集分类管理模式体系，推动废弃物资源化处置管理，基数庞大且逐年递增的建筑废弃物将给环境带来毁灭性的破坏。

目前国内学者大多运用经济理论和技术方法对建筑垃圾管理问题进行研究，多是基于市场经济的角度或运用高新技术方法去解决建筑垃圾处理难题。事实上，建筑垃圾的管理属于公共管理的范畴，缺乏了政府的强制措施，仅用经济和技术手段难以形成实效。

同时，我国大多数建设工地现场（包括拆除和新建施工现场）建筑垃圾分类收集管理意识薄弱，其管理的突出问题主要表现在：新建施工工地现场一片狼藉，旧建筑拆除施工现场的建筑垃圾也基本上呈现混合、无序堆放状态，建筑垃圾分类收集程度不高、机械化专业人员分拣配备比例不足、建筑垃圾收集再利用率低等。对于木材、高附加值金属如钢材等建材的收集利用程度较高；对于占据建筑垃圾组分比重较大的、直接回收利用附加值较低的,如硅酸盐类块砾材料、石膏板、保温材料等建材的收集利用率很低,一般混合运送到施工场地之外的指定地点与生活垃圾一起填埋或干脆随意堆放。建筑垃圾与生活垃圾的混合填埋为生活垃圾场填埋管理造成困难,建筑垃圾的随意堆放也对环境造成严重的影响。另外,生活垃圾与建筑垃圾的混堆会形成交叉污染,惰性建筑垃圾中也常常会混入含有危险有害成分在内的非惰性建筑垃圾,这些因素都会降低建筑垃圾的"纯度",不利于建筑垃圾资源化处置,降低建筑垃圾的再生利用率和再生产品性能质量。因此,建筑垃圾的源头分类收集是建筑垃圾资源化处置的第一步,据测算,建筑垃圾分类清理、分类收集可有效提高 10%～30%的回收利用率。

综合来看,无论从理论还是实践方面,我国在建筑垃圾的收集分类管理方面都还处于起步阶段,政府部门对建筑垃圾管理的重视程度不够。特别是对建筑垃圾管理的理论研究多集中于处理技术和经济效益方面,虽然也认识到政府强制和政策扶持的重要性,但在这方面还没有形成系统的理论。随着城市化进程的加速,解决建筑垃圾问题的任务会日益紧迫,如何合理有效管理建筑垃圾的问题将会越来越受到关注,建筑垃圾管理也必将成为公共管理领域的重要课题。

1.4 施工现场固废资源化研究现状

我国对施工现场固体废弃物的研究较晚,起步于 20 世纪 90 年代左右,比发达国家晚 20 年左右,对固废的研究主要是简单的论述层面上的理论,并没有深入了解固废的性质、产量、处理和来源等方面,相应的法律法规还没有形成体系。不能从根本上解决固废排放量高、回收率低等问题[70][71][72][73]。如表 1-2 所示,目前,我国的固废资源化利用率仅有5%,远远落后其他发达国家[74][75][76]。因此,提高固废的资源回收率是目前我国固废研究的重要方向之一。

通过对已有文献的分析,可知施工现场固废资源化研究主要分为 3 个方面:资源化管理策略(定性分析)、资源化定量分析模型、资源化技术研究。

在资源化定性分析方面,国外的一些学者主要进行了资源化管理方面的分析。V. W. Y. Tam[77]对澳大利亚和日本的废弃物混凝土进行研究,通过对比分析发现,澳大利亚和日本的资源化利用程度差异较大,日本的

各国固废资源利用基本情况　　　　　　　　　　　　　　表 1-2

国家	资源化利用率	监管模式	相关法规	优惠政策	再生产品推广方式
美国	70%	建立建筑垃圾处理的行政许可制度，实行特许经营	《固体废弃物处理法》《超级基金法》	低息贷款、税收减免和政府采购	将建筑垃圾分为 3 个级别进行综合利用
德国	86%	"收费控制型"模式	《垃圾处理法》《垃圾法》	多层级的建筑垃圾收费价格体系	环境标志
荷兰	70%	—	《荷兰/欧盟的垃圾处理设施与环境影响评估法规》	填埋税、财政补贴	建立砂再循环网络
法国	60%～90%	专业化公司管理	《环境法典》	—	环境标志
丹麦	80%	"税收管理型"模式	《环境保护法》	—	环境标志
日本	97%	建筑垃圾全过程管理	《废弃物处理法》《建筑再利用法》	财政补贴、贴息贷款、优惠贷款	建筑垃圾分类综合利用
新加坡	60%	建立建筑垃圾处理的行政许可制度，实行特许经营	《绿色宏图 2012 废物减量行动计划》	财政补贴、研究奖励、特许经营、高额惩罚	建筑垃圾综合利用
中国	5%	—	《固废法》《城市固体垃圾处理法》等		

资源利用率较高，澳大利亚的资源化利用程度较低，并分析两国在固废资源化利用上的差异，给澳大利亚的资源化利用提供了指导性建议。Duran 等人[78]对爱尔兰的固废资源化利用现状进行现场调查，发现施工现场大量的建筑垃圾，如混凝土、砖块没有采取资源回收利用的措施，而是选择直接填埋。在我国，施工现场固废被直接填埋，甚至非法填埋的现象也显著存在。因此，笔者进一步对固废资源化利用的成本进行分析，建议政府相关部门在固废资源化利用中制定相关政策，比如设置固废填埋税，以增强人们对建筑固废的资源回收意识。国内一些学者也对这方面的研究作出了贡献。李景茹[15]采用访谈和问卷调查的形式对深圳市的建筑工地的固废来源、生产状况、固废处理和施工人员意愿等 4 个方面进行深入分析，发现固废主要来自对原材料的加工。同时，该研究认为固废资源化利用成本，包括资源化设备的采购、技术人员的培训，是制约固废资源化技术发展的主要障碍。此外，李颖[79]通过研究国外发达国家施工现场固废的相关法律法规制度，针对北京的建筑废弃物管理现状提出相应的政策措施，主要是基于北京市实际的现场情况进行制定，但是否适用于其他地区还有待进一步研究。

　　在资源化定量分析方面，Uiterkamp 等[80]建立了由产量、经济效益、政策完善程度、社会效益、技术条件以及国际化 6 个指标为主的衡量资源化效果评价模型，并以印尼和坦桑尼亚的资源化实施现状为例，进行详细对比。结果显示，未来的建筑废弃物资源化热点研究地区将集中在城市化急剧发展的发展中国家。Du 等[81]以重庆某施工现场为例，重点研究固废资源化的经济性指标，结果显示，目前我国建筑行业固废资源化具备巨大的市场潜力，并提出加大环境意识的宣传措施，健全监管机构和制定"谁污染谁付费"的制度措施，建立固废回收系统、加强资源回收利用、优化整合固废处理体系等的技术措施。Jung 等[82]为了有效回收利用建筑废弃物，将施工现场废弃物资源化利用分为场外利用和场内利用，以定量方式评估两种资源化模式的经济可行性和二氧化碳排放量。结果表明，与场外利用相比，在施工现场内部进行废弃物资源化利用的过程仅花费了场外处置 63.8% 的成本，并且仅排放了相当于场外利用 33.6% 的二氧化碳。场内废弃物处置减少了运输过程产生的经济成本，同时避免了废弃物抛洒带来的环境污染。

在资源化技术研究方面，Wang 等[83]将拆除建筑中的废弃混凝土用于陶粒制造，从而找到有效回收利用的新途径。根据拆建废料特殊的化学成分和性质，该研究探讨了一种用于生产高质量多孔陶粒的新工艺。更重要的是，由于使用传统的发泡剂难以获得合适的多孔结构，该研究开发了一种独特的发泡剂用于多孔结构的形成，并分析了烧结温度、加热速率和保温时间等工艺参数的影响，探讨了陶粒的起泡机理。结果显示，具有高强度、低密度和稳定力学性能的废弃陶粒更适合在建筑领域使用，为有效回收废弃混凝土提供了实用的方法。Sangiorgi 等人[84]认为建筑和拆除过程中废弃骨料应用之一是修建路堤和路基。这项工作的重点是研究建筑过程中再生混凝土骨料刚度随时间的变化。该研究建造并测试了一个由不同再生材料组成的专用实验路堤，形成约 80cm 的均匀厚度。然后，使用连续压实控制技术进行压实和测试，在路堤施工阶段获得承载力记录，路堤的结构性能也使用不同类型的轻型挠度计确定。结果表明，再生骨料在压实后表现良好，并且能够显示出一些自固结特性。上述关于资源化利用技术的研究均是在将混凝土、砂石等无机类废弃物通过物理分离为骨料的基础上，进行再利用后验证材料的物理性能或化学性能。针对有机类固废，比如沥青等材料，以及施工现场体量较大的混合类废弃物如何资源化处理，再生后的工作性能如何，并没有深入的技术研究。

施工现场固废资源化利用技术的另一方面，是关于资源化利用设备的开发。赵文光等[85]通过厂址的规划，制备了建筑废弃物资源化固定式生产线，并开发了一整套固定式再生设备的研发。但这种固定式资源化设备的缺陷明显：首先，它的建设周期长，投资费用高；其次，对于固废排放量相对较小的新建阶段的施工现场来说，运输至固定式资源化设备场地的成本也会大大增加。为了解决固定式资源化设备的难题，美国特雷克斯企业[86]开发了基于场内处置的建筑垃圾再生利用设备，可在施工现场内部利用废弃物生产再生骨料产品，不仅节省了运输成本，而且可降低环境污染。这给我国自主开发施工现场就地资源化利用设备提供了某些启发。

总之，在施工现场固废资源化利用技术研究中，大多数研究围绕占比较大的无机类固废，如废弃混凝土的再生利用上。尽管有部分研究考虑到了对于有机类固废的再生利用，但并没有涉及如何利用有机类固废制备超高性能混凝土的技术。更为重要的是，占比较大的有机类和无机类混合固废如何进行资源化利用、再生效果如何，同样缺乏相应的研究。此外，施工现场固废的资源化手段包括施工现场内资源化利用和施工现场外资源化利用两部分。其中，国内对于场内就地资源化利用设备的开发仍然处于起步阶段，缺乏一体化的就地资源化利用设备。

1.5   存在问题

1）缺乏符合国内施工现场固废有效管理的量化方法及科学合理的预测方法

在施工现场固废量化研究方面，已有的国内外量化研究都有各自的局限性。通过定性方法得到的经验数据，比如问卷调查和定额标准中获取的固废排放量数据，难以用于指导制定详细、科学的施工固废管理政策与策略。再者，欧美发达国家常采用定量方法获取相对精确的数据，如直接称重法和卡车计量法。但由于施工工艺、建筑类型等因素的不同，其获取的固废排放量数据难以衡量国内施工现场固废排放量的水平。尽管国内也有一些研究采用直接称重法对废弃物进行量化，但由于这类研究收集样本数量少的缘故，其结论缺乏可信性。另一方面，虽然机器学习技术应用广泛，但应用到施工现场固废排放量预测方面的研究极少。综合来看，现有的研究缺乏符合国内施工现场实际管理水平的量化方法及科学合理的预测方法。

2）缺少实施数字化建造手段尤其是 BIM 技术进行固废源头减量化的

方法

在施工现场固废减量化研究方面，相关领域对减量化影响因素有了较多研究，都提出了从设计阶段和施工阶段两方面来减少施工现场废弃物的产生量，包括对设计方案的设计错误进行排查，对施工图纸各专业进行碰撞检验，对施工方案进行预演等。但是，如何从施工现场固废产生全过程的角度，采用综合性的数字化建造技术，对施工现场材料及工序工艺进行管控仍然缺少相应的研究，尤其是通过 BIM 技术进行废弃物减量化研究仍处于框架研究阶段，并没有真正深入到相关的软件开发与应用上。

3）缺乏适用施工现场复杂环境的固废分类收集装置及管理策略

在施工现场固废分类收集研究方面，鉴于施工现场固废产生因素的多样性，加上产生的固废组成复杂性，能达到成本低、效率高的固废分类收集方式少之又少，且在固体废弃物分类方面，绝大部分依然是混合收集，增大了固废资源化、无害化处理的难度。在管理策略方面，建筑垃圾的管理属于公共管理的范畴，缺乏了政府的统一的政策法规和完善的管理模式，各个企业、单位各自为战，仅用有限的经济和技术手段难以形成实效。

4）施工现场缺乏固废资源化高效利用技术以及现场资源化利用设备

目前关注较多的主要是混凝土、砂浆、砌体等无机类固废如何进行资源化利用，以此提高废弃物资源化利用率，在无机类固废高等级应用上也缺乏相应技术。特别是如何对其他种类废弃物进行循环利用不容忽视，尤其对在施工现场排放体量相对较大的混合类固废的资源化利用技术缺乏系统性研究。同时，目前场外固废处置设施，例如废弃物加工厂，占据市场的绝对份额，但这种处置方式仍有较多弊端且成本较大。因此，探索拥有运输成本低、环境影响小等优势的施工现场固废资源化利用设备，需要更进一步优化应用方法。

第2章 施工现场固体废弃物定义与内涵

目前，施工现场固体废弃物在我国尚未有一定权威的定义，对于施工现场固废量化减量化与资源化的研究仍处于初级阶段。本章将通过对已有相关概念，如固体废物、建筑废弃物、建筑垃圾等的对比，确定施工现场固废的定义。同时，量化、减量化与资源化的概念在施工现场固废领域仍然模糊。结合施工现场固废的特征，本章将提出施工现场固废量化、减量化与资源化的内涵。然后，利用机器学习理论、数字化建造技术、循环经济理论分别对量化、减量化、资源化进行理论分析和结合，最终将提出施工现场固废量化减量化与资源化利用系统逻辑模型，分别从系统基础、系统逻辑框架、系统逻辑关系等方面对该系统进行详细阐述，探讨施工现场固废量化、减量化和资源化三者之间的关系，以及三者在整个系统中的作用机制，研究施工现场固废在全生命周期中的减排问题。

2.1 施工现场固体废弃物定义

目前，我国对建筑废弃物相关对象的研究有限，在参考有关概念的基础上，提出适合我国建筑废弃物处理现状的施工现场固体废弃物的定义是固废综合处置技术提出的关键基础和前提。表2-1为施工现场固废相关概念的对比情况。

施工现场固体废弃物相关概念比较 表2-1

管理单位	标准及政策	编号	侧重阶段	定义
住建部	《城市建筑垃圾管理规定》	建设部令第139号	城市规划	建筑垃圾：建设单位、施工单位新建、改建、扩建和拆除各类建筑物、构筑物、管网等以及居民装饰装修房屋过程中所产生的弃土、弃料及其他废弃物
	《建筑工程绿色施工评价标准》	GB/T 50640—2010	企业施工	建筑垃圾：新建、改建、扩建、拆除、加固各类建筑物、构筑物、管网等以及居民装饰装修房屋过程中产生的废物料
				建筑废弃物：建筑垃圾分类后，丧失施工现场再利用价值的部分

续表

管理单位	标准及政策	编号	侧重阶段	定义
住建部	《工程施工废弃物再生利用技术规程》	GB/T 50743—2012	企业施工	工程施工废弃物：工程施工中，因开挖、旧建筑物拆除、建筑施工和建材生产而产生的直接利用价值不高的废混凝土、废竹木、废模板、废砂浆、砖瓦碎块、渣土、碎石块、沥青块、废塑料、废金属、废防水材料、废保温材料和各类玻璃碎块等
	《建筑工程绿色施工规范》	GB/T 50905—2014	企业施工	建筑垃圾：新建、扩建、改建和拆除各类建筑物、构筑物、管网等以及装饰装修房屋过程中产生的废物料
	《建筑垃圾处理技术标准》	CJJ/T 134—2019	城市规划	建筑垃圾：工程渣土、工程泥浆、工程垃圾、拆除垃圾和装修垃圾等的总称。包括新建、扩建、改建和拆除各类建筑物、构筑物、管网等以及居民装饰装修房屋过程中所产生的弃土、弃料及其他废弃物，不包括经检验、鉴定为危险废物的建筑垃圾
环保部	《中华人民共和国固体废物污染环境防治法》	—	环境治理	固体废物：是指在生产、生活和其他活动中产生的丧失原有利用价值或者虽未丧失利用价值但被抛弃或者放弃的固态、半固态和置于容器中的气态的物品、物质以及法律、行政法规规定纳入固体废物管理的物品、物质
	《固体废物处理处置工程技术导则》	HJ 2035—2013	环境治理	未明确定义建筑垃圾等相关术语

通过以上对比，可以看出"建筑垃圾"一词最先提出，随后演变出"建筑废弃物"及"工程施工废弃物"的说法。虽然用词不同，但三者的定义皆涉及施工阶段及废弃物的组成成分。施工阶段主要划分为新建阶段、改扩建阶段及拆除阶段；废弃物组成成分包括开挖弃土、废弃建筑材料、装饰装修材料等。

再者，从空间维度比较，在类别及具体成分划分上，固体废物包括建筑垃圾及建筑废弃物。虽然有文献认为，建筑垃圾经过再生利用之后丢弃的无利用价值部分就是建筑废弃物，但在具体成分上，建筑垃圾基本等同于建筑废弃物。同时，考虑到人们对"垃圾"的思维定式（认为其注定将被丢弃），本书采用近年来提出的"废弃物"一词，更符合循环经济的理念，用"废弃物"加工出的"再生产品"也更能被市场所接受。因此，建筑废弃物的内涵对后续施工现场固体废弃物概念的提出具有更重要的参考意义。

　　并且，从时间维度比较，固体废物要早于建筑垃圾，建筑废弃物概念的提出最晚。从废弃物产生阶段来看，建筑垃圾及建筑废弃物都包含新建、扩建、改建和拆除四个阶段，基本覆盖建设项目整个寿命周期。不过，本研究主要集中在项目的新建阶段，"施工现场"即指建设工程新建阶段的施工现场。

　　对相关概念进行梳理后，从时间和空间两个维度对它们进行比较。考虑到土方开挖产生的弃土能够通过项目之间的土方平衡及肥槽回填在短时间内实现再利用，且受客观条件影响，平原地带和丘陵地带在土方开挖过程中产生的工程渣土数量差异巨大，难以统计。基于此，笔者将施工现场固废定义如下：

　　施工现场固体废弃物是指建设、施工单位新建各类建筑物过程中所产生的丧失原有利用价值或者虽未丧失利用价值但被抛弃或者放弃的固态、半固态物品、物质，包括弃料、废弃包装及其他固体废弃物，不包括渣土、泥浆。以下简称"施工现场固废"。

2.2　施工现场固体废弃物边界

　　物质的转化遵循质量守恒定律，施工现场固体废弃物也不例外。通过对现场施工活动的观察及对现场技术人员的采访，认为建筑材料在施工过程中会转化为五部分：建筑实体、剩余材料、再生材料、不可控损失、终端固废，如图 2-1 所示。

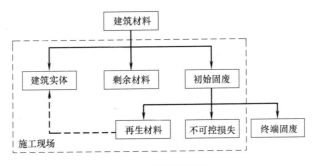

图 2-1　材料跟踪法

　　建筑材料指从事施工活动所需材料的实际购买量；建筑实体指形成建筑的材料净用量；剩余材料指形成实体建筑后原材料的剩余；初始固废指新建工程施工现场所产生的固体建筑垃圾，不包含渣土；再生材料指初始固废中能够在施工现场进行加工利用或不进行加工直接使用并转化为建筑实体的部分，如废弃混凝土回填、废弃钢筋再次焊接使用等；不可控损失指非项目人员通过非法手段窃取初始固废中仍有回收利用价值的部分，如拾荒者拾走仍有经济价值的废弃钢筋和废弃金属等造成的损失；终端固废即施工现场固体废弃物的边界。

2.3 施工现场固体废弃物特点

2.3.1 物质可再生

与工业废弃物不同，施工现场固废中危废数量极少，且容易与其他废弃物分离，因此大量的无害施工现场固废能够得到再生利用。例如，废弃混凝土等材料可以用作场地回填及路面加固，甚至加工后能够再次浇筑混凝土并成为结构工程的一部分；废弃木材可接长再利用，也可在工程项目部生活区再次利用，通过供暖设备为工人提供生活所需的热能；废弃钢筋头通过回炉重铸后生产新的金属材料；钢筋混凝土等复合材料经过施工现场资源化设备筛分后，同样能够再次使用或再生利用。一些发达国家，如日本，将建筑废弃物视为建筑副产品，其施工现场固废的资源化利用率可以达到90%以上。中国多地逐步出台相关政策督促施工现场固废再生利用，部分省市明确要求2020年建筑废弃物资源化利用率达到70%以上。因此，基于这一特性，施工现场固废的再生利用已成为国家可持续战略发展的一部分。

2.3.2 成分复杂

经过现场勘察，施工过程产生的各类固体废弃物混杂在一起，成分复杂，主要包括废弃混凝土、废竹木、废木模板、废砂浆、砖瓦碎块、渣土、碎石块、沥青块、废塑料、废金属、废防水材料、废保温材料和各类玻璃碎块等。经粗略统计，其中，废弃物混凝土占比最大，达到42%左右，废弃木材次之，占比约18%，废弃金属占比10%，废弃砖石占比9%，废弃沥青占比8%，废弃瓦片占比1.2%，其余为废弃混合材料。目前，我国大部分工程项目在进行施工现场固废收集时，仍采用传统的混合收集方式。面对成分复杂多样的施工现场固废，这种做法降低了它的资源化利用效率。因此，如何对成分多样的施工现场固废进行分类收集，是我国建筑行业可持续发展面临的一大挑战。

2.3.3　污染环境

目前，我国施工现场固废资源化利用工作才刚刚起步，资源化利用效率仅有 5% 左右，面对近些年大量产生的施工现场固废，剩余 90% 无法循环利用的部分大多数实行填埋处置。这种处置方式，一方面，在堆放过程中占用了大量土地资源。在此期间，填埋在土壤中的废弃混凝土和砂浆中的氢氧化钙会和渗滤水反应并呈碱性，从而降低土壤肥力。废弃金属同样会释放重金属离子，渗透到深层地下水，对人们的生活用水安全造成潜在威胁。另一方面，在施工现场固废运输过程中，洒落的渣土经过二次碾压，会飘浮在空气中，对大气质量造成影响，甚至对人体的呼吸系统造成伤害。

2.4　施工现场固体废弃物分类

施工现场固废是一种可利用的资源，合理的分类方法可提高施工现场固废的综合利用率和社会管理效率，只有在明确的分类框架下，确立施工现场固废治理的组织体系，并充分发挥各自的资源优势，才能达到施工现场固废综合治理的目的。因此，本书从不同角度对施工现场固废的分类标准进行分析，并提出适合施工现场固废综合处置的分类体系及每种类别固废的具体组成成分。

2.4.1　来源分类法

来源分类法是根据施工现场固废的产生来源进行分类，比如弃土及渣土主要来源于基坑开挖工程，建筑废物主要来源于建筑材料形成物质主体的过程，如表 2-2 所示。但本书不涉及弃土及拆除过程中所产生的固体废弃物的处置，因此，这种分类方法并不适用。

来源分类法　　　　　　　　　　　　　　　　　　　　　　　　　　　表 2-2

类别	物质构成
基坑弃土	弃土分为表层土和深层土
道路及建筑等拆除物	沥青混凝土、混凝土、旧砖瓦及水泥制品、破碎砌块、瓷砖、石材、废钢筋、各种废旧装饰材料、建筑构件、废弃管线、塑料、碎木、废电线、灰土等
建筑弃物	主要为建材弃料，有废砂石、废砂浆、废混凝土、破碎砌块、碎木、废金属、废弃建材包装等
装修弃物	拆除的旧装饰材料、旧建筑拆除物及弃土、建材弃料、装饰弃物、废弃包装等
建材废品废料	建材生产及配送过程中生产的废弃物料、不合格产品等

2.4.2 物理成分分类法

物理成分分类法是根据施工现场产生的具体废弃物成分进行划分的，如表2-3所示。该分类方法对指导现场工人进行废弃物分类具有重要意义，但这种方法很难涵盖施工现场废弃物所有成分，比如废弃油漆桶及安全绳网在该分类体系中并没有体现。因此，从理论上讲，该分类方法具有一定局限性。

物理成分分类法　　　　　　　　　　　　　　　表2-3

类别	成分复杂性
弃土	基坑开挖过程中产生量巨大，成分单一
混凝土碎块	占废弃物总量最大，成分较单一
废混凝土	占废弃物总量较小，易与其他废弃物混合
废砂浆	占废弃物总量较小，易与其他废弃物混合
沥青混凝土碎块	占废弃物总量较大，成分较单一
废砖	占废弃物总量较小，易与其他废弃物混合
废砂石	占废弃物总量次于混凝土，成分单一
木材	占废弃物总量小，易与其他废弃物混合
塑料、纸	占废弃物总量较小，易与其他废弃物混合
石膏和废灰浆	占废弃物总量相当于木材，成分单一
废钢筋等金属	占废弃物总量小，易与其他废弃物混合
废旧包装	基坑开挖过程中产生量巨大，成分单一

2.4.3 可利用性分类法

可利用性分类法主要基于施工现场固废的化学性质进行分类，见表2-4。该分类方法从理论上能够涵盖施工现场产生的废弃物种类，且在该分类体系下，施工现场废弃物更容易进行再次回收利用，从而提高资源化利用效率。

可利用性分类法　　　　　　　　　　　　　　　表2-4

类别	可利用性
金属类固废	在施工现场直接利用或在场外回收利用，可利用性强
无机非金属类固废	可在现场内进行二次利用，可利用性强
有机类固废	可在场外回收利用，可利用性强
复合类固废	需分离后再利用，再利用成本高
危废类固废	可利用性差

与以上两种方法相比，可利用性分类法的优势如下：

1）该分类方法从理论上能够涵盖施工现场产生的所有废弃物种类，且其划分的类别并不多，在现有施工现场固废管理水平下能够实施下去。来源分类法没有针对新建阶段施工现场固废种类划分的方法，且其划分细度并不能有效指导施工现场工人的分类工作。而物理成分分类法的划分类别过多，大量的分类工作容易影响施工现场工人分类的积极性及数据采集的准确性。

2）该分类体系下的施工现场固废更容易按照化学性质进行再次回收利用，从而提高资源化利用效率。随着循环经济的发展，全国各地的建筑固废处理方式不再局限于填埋处置，更多地利用施工现场固废资源化再生设备进行处理。目前，大多数资源化利用设备通常按照施工现场固废的化学成分分类后进行回收再利用。例如，无机类固废可以通过移动式垃圾处理设备进行破碎、筛分、整形处理后，生产出不同用途的再生骨料。因此，该分类方法更符合施工现场固废再生利用的方式。

通过上述分类方法的分析，为了达到提升施工现场固体废弃物的资源化再利用率的目的，本书采用可利用性分类法，将施工现场固废划分为以下 5 类。

1）金属类固废，包括钢筋头、废铜管等黑色金属材料和有色金属材料；

2）无机非金属类固废，包括天然石材、烧土制品、水泥、混凝土及硅酸盐制品等；

3）有机类固废，包括废塑料、废涂料、废胶黏剂等植物质材料、合成高分子材料和沥青材料；

4）复合类固废，包括轻质金属夹芯板、石膏板等，一般由无机非金属材料与有机材料复合而成。

5）危废，具有腐蚀性、毒性、易燃性、反应性或者感染性等一种或者几种危险特性的废弃物，包括岩棉、石棉、玻璃胶等。

2.5　施工现场固体废弃物综合处置技术系统化运行

2.5.1　系统构建的基础

施工现场固废处理的主要方法是系统化处理。系统化处理是指为确保量化、减量化、资源化工作能够有机地协调和配合所开展的综合性和全局性的施工现场固废减排工作。它是将施工现场固废循环利用的各方面整合在一起的活动，其核心是从系统的观点出发，以施工现场固废减排最大化为目标。

传统施工现场固废处理模式一般是以建筑材料输入为开端，在建筑材料使用过程中排放施工现场固废，并以固废填埋处置为结束。而施工现场固废量化、减量化、资源化利用系统作用于传统固废处理模式的不同阶段，实现施工现场固废排放阶段和材料输入阶段的连接，形成施工现场固废循环利用的逻辑闭环。

基于上述分析，该系统主要包括两大要素：技术要素和物质要素。技术要素包括施工现场固废量化技术、减量化技术及资源化利用技术；物质要素包括天然建筑材料、再生建筑材料、建筑材料输入、建筑材料使用、施工现场固废排放、再生原材料等。该系统内部要素相互影响、相互推进，使得系统在外部环境影响下，也能稳定发挥作用。

2.5.2　系统运行逻辑架构

基于施工现场固废全生命周期过程及循环经济理论逻辑，本研究分析探索了施工现场固废量化、减量化、资源化之间的系统逻辑架构，如图2-2所示。该系统主要划分为3个子系统：施工现场固废减量化技术子系

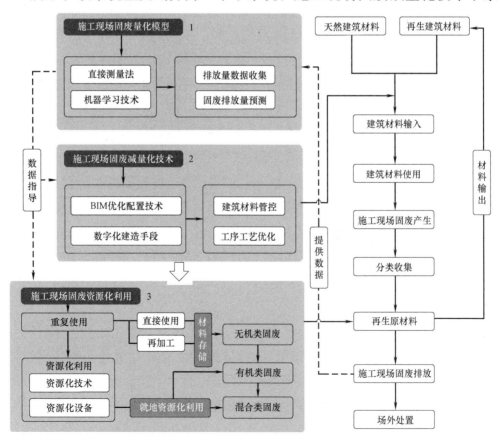

图 2-2　施工现场固废量化减量化与资源化利用逻辑框架

统、施工现场固废资源化利用子系统、施工现场固废量化技术子系统。

1）在施工现场固废减量化子系统中，通过数字化建造技术尤其是 BIM 技术对设计和施工全过程的减量化措施进行优化，从源头对未产生的施工现场固废进行减量化管控。

2）在施工现场固废资源化利用子系统中，施工现场固废就地资源化利用手段形成该逻辑模型的逻辑闭环，通过先进的资源化技术及设备对固废进行场内资源化利用，在该过程产生的再生材料可再次成为建筑材料并入材料输入端，继续为建筑业服务。

3）在施工现场固废量化预测子系统中，对分类后的废弃物数量进行数据收集。在收集到足够的废弃物数据后，采用预测模型对固废排放量进行预测分析，在同类项目开工前预测施工阶段排放废弃物数量。

2.5.3　系统化运行

3 个逻辑子系统作用于施工现场固废全寿命周期的不同阶段，且相互联系。在项目施工之前，施工现场固废排放量预测功能为施工现场固废减量化提供数据指导，使得减量化工作更有针对性。在建筑材料输入之前，通过减量化子系统，减少建筑材料的过量投入和重复投入。产生后的固废在场内进行收集和分类。对于已经产生的施工现场固废，利用施工现场固废资源化子系统中的技术和设备进行就地再生利用。资源化利用的固废材料包括三类：无机类固废、有机类固废、混合类固废。再生后的这些材料作为材料输出项，输入建筑材料项中循环利用。最后，通过量化预测模型子系统收集并扩充已有的样本容量，使得该子系统的预测功能更加精确，同时为施工现场固废资源化工作提供精细化的数据指导。

第3章 施工现场固体废弃物量化技术

施工现场固废排放量实际数据的收集及处理被认为是施工现场废弃物管理中的基础工作。但是，国内粗放式的现场管理水平限制了该工作的正常进行。由于废弃物的管理工作并不能在短期内给项目带来明显收益，因此，施工现场固废排放量数据很少被记录下来。同时，施工现场固废量化方法本身的缺陷也会影响数据收集工作正常进行及数据收集的准确性。因此，基于文献调研，本书系统分析了国内外对建筑废弃物量化的相关研究，并对量化方法进行分析与比较，旨在探索适合我国居住建筑施工管理现状的建筑废弃物量化技术体系。

基于以上目标，本章将系统分析施工现场固废量化预测特征因素，以期在量化研究中收集特征因素数据，并在预测研究中根据特征因素建立预测指标体系。接着，通过对量化方法进行分析与比较，探索适合我国居住建筑施工管理现状的建筑废弃物量化体系。同时，制定科学合理的施工现场固废排放量统计表格，以确保数据收集的规范性及有效性。通过数据预处理及数据分析技术，对已收集固废数据进行筛选、统计。在此基础上，利用 BP 神经网络学习技术研究施工现场固废排放量预测机理，构建不同类型建筑施工现场固废产量预测模型，以期在施工项目开工之前预测固废排放量，提高项目管理人员对施工现场废弃物的认知水平，进而加强施工现场固废精细化管控。

3.1 施工现场固废排放量影响因素分析

建筑项目的施工周期长、施工环境复杂，影响其固废排放量的因素繁多，不同的影响固废排放量的因子共同决定了固废的排放量。因此，在整个施工周期内，施工现场产生的固废数量与固废排放量影响因素密切相关。

3.1.1 固废排放量影响因素选取

在查阅大量与固废有关的文献和著作后，进一步对施工现场相关技术人员进行半结构式访谈，初步得到固废排放量的 21 个影响因子。

1）建筑类型

建筑类型按使用的建筑材料划分，分为钢筋混凝土结构建筑、钢结构建筑、钢筋-混凝土组合结构建筑。不同的建筑类型对不同种类固废的排放量都有较大影响。

2）建筑面积

建筑面积指建筑外墙勒脚以上外围水平面测算的各楼层面积之和。包括使用面积、辅助面积和结构面积。考虑到不同施工阶段的工程特征，本研究以室外地坪±0m 为界限，将建筑面积分为地下建筑面积和地上建筑面积。

3）建筑高度

建筑高度指建筑的总体海拔高度，一般指从室外地坪至屋面面层之间的距离。建筑高度也是影响固废排放量的因子。

4）地基类别

地基是建筑基础下部的受力单位。建筑地基一般分为岩石、碎石土、砂土、粉土、黏性土和人工填土等。本研究从影响固废排放量角度将地基分为天然地基和人工地基，采用人工地基会造成固废的产生。

5）基坑支护

基坑支护是对基坑侧立面和周围环境采用的加固、支挡和防护措施。一般采用地下连续墙、桩锚、土钉墙、内支撑等支护类型。基坑支护方式的不同影响建筑材料的耗量。

6）支撑类别

支撑类别一般分为扣件式和工具式。不同的支撑类别会对固废种类和排放量产生影响。

7）模板类别

模板工程指现浇混凝土成型的模板以及一整套支承模板的构造体系。考虑到本书对固废的分类情况，本研究将模板分为金属类模板、木模板和塑料模板三种类别。

8）基础类别

基础指建筑物地面以下的承重结构。建筑基础的分类有多种。按受力特点一般分为刚性基础和非刚性基础；按基础的构造形式分为桩基、条形基础、独立基础、片筏基础、箱形基础等。固废排放量研究采用第二种分类方法。

9）用钢量

指每平方米的施工范围所需的钢材数量。

10）混凝土用量

指完成工程项目所需混凝土总量。

11）结构类型

建筑结构一般指建筑的承重部分和围护部分。目前主要的分类方式为框架结构、剪力墙结构、框架剪力墙结构、框架筒体结构和筒体结构。不同的结构形式对固废排放量的影响重大。

12）层高

层高一般指上下两层楼地面结构标高之间的距离。不同建筑的层高是不同的，不同的层高会导致固废排放量存在差异。

13）装配率

装配率一般指建筑中预制构件、建筑部品的数量（或面积）占同类构件或部品总数量（或面积）的比率。建设工程的装配率不同，会对固废排放量产生重大影响。

14）木方量

木方，指用木材加工而成的具有一定规格的方形条木，一般用于装修及作为门窗材料，结构施工中的模板支撑及屋架用材。木方量是每平方米模板使用木方的立方量。木方量不同，对固废排放量具有较大的影响。

15）临时设施

临时设施是保证施工和管理正常运行而临时搭建的各类建筑物、构筑物和其他设施，如临时道路、施工材料加工棚。这些临时设施一般会在施工完成后拆除，这些临时设施会对固废排放量产生重要的影响。

16）外立面材料

外立面指建筑物与外部空间直接接触的交互界面，一般包括除屋顶外的所有外围的围护部分。一般外立面的使用材料分为石材、玻璃幕墙和涂料等。因此，外立面的不同会对固废排放量造成较大影响。

17）精装修比例

精装修指建筑功能空间的装修和设备设施安装达到建筑使用功能和性能的要求。不同的装修标准会直接影响到装修阶段的固废排放量。装修标准一般用精装修比率来表示，是精装修面积占总建筑面积的比例。

18）工期

工期即开工日期到竣工日期的持续时长。工期的长短直接影响着固废排放量的多少。

19）现场管理水平

优秀的管理团队能够有效降低施工现场固废的产生数量，因此，现场管理水平的好坏也是影响固废排放量的重要因子。

20）劳务人员素质

技术娴熟的劳务人员能够有效提高建筑材料的投放效率，从而减少固废的产生。同时，劳务人员的素质也在一定程度上影响着工程质量的好坏，达不到质量要求的工程会在返工的过程中造成材料的浪费，从而影响固废的排放量。

21）施工环境

本书研究的施工环境指处于不同区域的施工项目会受到该区域法律、政策、气候条件等的影响。这些因素都会对固废排放量产生一定程度的影响。

3.1.2　固废排放量影响因素归类

通过上述对固废排放量影响因素的分析，将影响因素归为以下四大类：

建筑基本参数特征：建筑面积、建筑高度、层高、装配率、工期、精装修比例；

建筑结构相关特征：基坑支护、地基类别、支撑类别、基础类别、结构类型；

建筑材料相关特征：建筑类型、模板类别、用钢量、混凝土用量、木方量、外立面材料；

建筑管理相关特征：现场管理水平、临时设施、劳务人员素质、施工环境。

3.2　量化统计方法的选择

3.2.1　量化方法比较

（1）直接测量法

直接测量法主要分为三种：直接称重法、体积测量法、卡车计量法。直接称重法是采用称重设备直接对施工现场产生的固体废弃物进行计量的一种方式。Lu 等组织调研团队于 2009 年在深圳对 5 个建筑项目进行了为期 3 个月的建筑废弃物称量工作，并在称重之前对废弃物进行分类，得到不同种类废弃物产生率（kg/m²）的典型值，并以此为基数计算整个项目的废弃物产生总量。

体积测量法是将施工现场产生的固体废弃物进行分类堆放后，对堆放物的体积进行测量，并乘以相应的材料密度，得到废弃物的排放量。对于形似圆锥的固废堆放物，根据圆锥体积计算公式进行计算；对于形似长方体的固废堆放物，根据长方体体积计算公式进行计算；对于零散的固废，则先按照大小的相似程度分类，再从各类中随机抽取三个样本进行测量，取其平均值，作为这一类的标准值，用其乘以总数获得此类固废的总重量。

卡车计量法计算进出场的建筑垃圾运输车辆的容积及数量，通过两者的乘积得知固体废弃物的总量。例如，建筑垃圾运输车可以容纳的平均建筑垃圾体积为 120m³，若某一天中总共有 10 辆进出场的运输车，则当日产生的建筑垃圾为 1200m³。

直接测量法中，直接称重法获得的固废排放量精度最高，但对于研究者来讲，采用此方法需要长时间的跟踪计量和大量人力的支撑，体积测量法和卡车计量法虽然对这方面的顾虑较少，但其获得固废排放量数据的精度较直接称重法低。

（2）间接测量法

间接测量法的理论基础是质量守恒定律，本书将建筑材料在施工过程中转化为四个部分：结构组成部分、剩余物、重新利用到本项目或成为废料。因此，建筑材料与结构部分、剩余物和重新利用材料之差即为固废排放量。在相关研究中，结合现场施工情况，并在分类组合法的基础上，采用间接测量法对固废产量进行预测，并用材料采购量衡量建筑材料的数量，用设计量代替结构组成部分的数量，剩余材料数量通过施工现场记录数据得知，回收利用量用估算法近似取得，以此得到各部分的具体数值。

$$W = T_P - T_D - T_R - T_U - T_S \tag{3-1}$$

$$\beta = \frac{W}{T_D} \tag{3-2}$$

式中：W 为固废产生量；T_P 为采购量；T_D 为设计量；T_R 为剩余材料量；T_U 为再生材料量；T_S 为不可控损失量；β 为固废产生率。

从理论上讲，间接测量法可重复使用项目部现有数据，用于计算施工现场固废产生的数量。不过，在实际数据采集的过程中，很难从施工现场准确获取各个部分的实际值，尤其是剩余材料量和再生材料量（由于施工现场的粗放式管理导致其没有被准确地统计）。

（3）面积指标法

面积指标法分为人均乘数法和基于统计数据的单位排放量法。

人均乘数法对某个区域在某个特定时间段内垃圾处理场的处理记录进行统计，计算出该区域在该时间段的建筑垃圾填埋总量；根据当地相关统计资料，获得区域内人口总数，从而计算得到在此特定时间段内的人均建筑垃圾排放量；结合该区域内的人口变化趋势，计算该区域的固体废弃物排放量。

基于统计数据的单位排放量法，是通过对政府报告、行业报告、学术文献的调研获取固废的单位排放量（kg/m^2），并乘以工程项目的建筑面积，得到固体废弃物的总量。

人均乘数法是一个区域固废排放量的量化方法，比如武汉的固废排放量。对于小面积的施工现场来说，这种方法很难适用。而基于统计数据的单位排放量法的前提是要获取固废单位排放量（kg/m^2），但目前国内并无权威机构对此数据进行统计，因此，这种方法很难在国内适用。

（4）定额损耗法

这种方法以工程材料的总购买量为研究对象，按其在建筑项目中的用途进行分析，并基于以下假设：项目购买的建筑材料（M）并非都构成建筑物实体，一些建材在建设阶段不可避免地废弃掉，成为建设垃圾（CW），剩余的材料构成建筑物实体，这部分材料在建筑物到达其建筑寿命终点，进行拆除时全部转化为拆除垃圾（DW），即

$$DW = M - CW$$

拆除阶段的废弃物量要根据各种材料的寿命周期来进行估算。比如2020 年的拆除废弃物要用 1990 年的寿命期为 30 年的材料来进行估算。

$$CW(2020) = M(2020) \times w_c$$

$$DW(2020) = M(1990) - CW(1990)$$

其中，w_c 代表建材在定额中的损耗率。

虽然可以通过查阅施工定额快捷地获取各种材料的损耗率并以此作为固废产生率，但已有研究发现，固废产生率与损耗率之间还是有较大差距的，所以用此种方法计算出的固废排放量会存在精度低的问题。

（5）分类组合法

依据工程造价中分解组合的方式将建设工程分为建设项目、单项工程、单位工程、分部工程和分项工程五大类，在建立分类系统的基础上，将分项工程作为最小量化单位，通过累加法，得到整个项目的固废排放量。这种方法从分类的角度保证了整个项目固废计量的准确性，但在量化方法本身上并没有突破。

3.2.2 直接测量法的合理性分析

参考国内外已有施工现场固废量化方法及国内的施工现场固废管理水平，并经过施工现场实际勘察与试错后，发现直接测量法更适合作为目前施工现场固废的量化方法，原因有以下几点：

1) 间接测量法是课题组研究初期采用的方法。该方法在理论上严谨，且在数据收集的过程中难度也不大。但是在实际的数据采集中，该方法涉及的部分数据并没有被现场统计，比如施工现场材料剩余量、再利用材料数量等，导致固废在量化的过程中产生较大的误差。

2) 直接测量法可为其他大多数量化方法提供基础数据，比如面积指标法需要以获取单位固废排放量（kg/m^2）为前提，而单位固废排放量需要直接测量法来计算得到。

3) 直接测量法相较于其他方法的最大优势在于其统计数据的精度最高。相较于间接测量法等方法，直接测量法能准确实现"排放多少，计量多少"的目标。

4) 通过施工现场的实际走访发现，施工现场基本上都已安装了地磅秤，通过固废的收集与分类，在施工现场对固废通过过磅的方式记录其数量，在实际上也是可行的。

因此，通过理论分析和实地调研，本书采用直接测量法进行施工现场固废的量化工作。

3.2.3 直接测量法原理

因为直接称重法的计量精度最高，所以采用此法作为本研究的量化方法，其后所称的直接测量法即为直接称重法。以下为直接测量法的量化步骤：

1) 划分施工阶段

由于项目施工周期长，实施人员无法在短期内对一个项目施工全过程进行跟踪调查，而从始至终对一个项目固废排放量进行量化工作的可行性微乎其微。因此，将项目新建过程分为三个阶段，分别为地下结构阶段、主体结构阶段、装修及机电安装阶段。考虑到施工现场对上述三个阶段的划分并没有一个明晰的界限，可能会在量化数据收集时因施工阶段的定义问题对量化结果产生影响，研究将这三个阶段所包含的施工工作定义如下：

地下结构阶段：基坑支护、地基与基础、地下室工程；

主体结构阶段：钢筋混凝土工程、砌体工程；

装修及机电安装阶段：防水工程、装饰工程、屋面工程、机电安装工程。

通过划分施工阶段，可得到不同施工时间段内固废的排放量，比如地下结构阶段无机非金属类固废的排放量。这样，更有利于施工现场固废精细化管理。

2）收集

在对固废进行分类之前，需要对施工现场产生的零散废弃物进行收集。收集固废工作应委托专人负责，以免权责不清导致固废收集工作无法进行。同时，在施工现场应采用合适的垂直运输设备和水平运输设备对废弃物进行统一收集，防止对废弃物进行二次损坏后无法再次利用。

3）分类

在固废运输到废弃物指定堆放地点后，对固废进行分类工作。设置专职分类人员，按照无机非金属类、有机类、金属类、复合类、危废进行分类。对易分拣的大块物料采用机械分类，对不易分拣的小块物料采用人工分类。分类后堆放至指定分类池，并采用防护措施对废弃物进行保护，以防止可利用废弃物二次损坏。

4）称量

以月为基本周期对堆放在相应地点的五类固废进行称重，得到每种固废的排放量。重量较大的宜进行过磅，重量较小的宜采用电子秤进行称重。

5）固废排放率计算

固废排放率有多种表示方法，如百分比法、单方固废量法。本研究采用单方固废量法对固废排放率进行描述，即每平方米建筑面积所产生的固废重量，单位 kg/m^2。

$$AWGR_i^j = \frac{\sum_{t=1}^{n} Q_t}{A} \tag{3-3}$$

$AWGR$——实际固废排放率，kg/m^2；

    i——施工阶段；

    j——固废类别；

    Q_t——每月收集的固废排放量，kg；共收集 n 个月；

    A——固废收集期间的施工面积，单位 m^2。

3.3 固废排放量数据的统计分析

3.3.1 固废排放量统计表设计

为了方便对全国范围内的在施工程项目进行固废量化工作，本研究根据固废排放量的影响因素及固废直接测量法制定了相应的固废排放量统计表以保证固废量化工作的规范性及数据获取的准确性及可比性。该统计表主要包括两大部分，一是工程基本信息，即固废排放量的影响因素，可在项目施工之前得知相关数据；二是不同种类固废在不同施工阶段的排放量数据，需要在项目施工进行时通过直接测量法获取。

考虑到施工现场工人对不同种类固废的具体组成成分的理解存在一定的误差，进而在固废分类的过程中出现差错，因此，本研究通过现场调研及对现场技术人员的采访，在表 3-1 分类体系的基础上，得到施工现场不同施工阶段及不同种类固废的具体组成成分（表 3-2），便于从事固废量化的现场工作人员进行固废分类工作，以保证数据收集的准确性。

3.3.2 固废数据收集

在上述量化方法和固废排放量统计表的支撑下，中国建筑股份有限公司于 2018 年 8 月 24 日下发《关于收集在施工程施工现场固体废弃物排放数据的通知》（图 3-1），要求各单位以月为周期，落实并监督项目填报固废排放量统计表。截至 2019 年 5 月 26 日，共收集项目 451 个，去除跨施工阶段采集数据的项目及数据填报明显有误的项目 74 个，可用于数据分析的项目共计 377 个。住宅类建筑 148 个，其中 49 个项目处于地下结构阶段，52 个处于主体结构阶段，47 个处于装修及机电安装阶段，项目基本信息描述见表 3-3。公共建筑 229 个，其中 76 个处于地下结构阶段，80 个处于主体结构阶段，73 个处于装修及机电安装阶段，表 3-4 给出了这些在施工程的项目基本信息。

现场固废统计表　　　　　　　　　　　　　　　　表 3-1

填写人：_____

工程名称及所在省份	工程名称：_____　　所在省份：_____
总承包单位及资质等级	总承包单位：_____　　资质等级：_____
开/竣工日期	开工日期：_____　　竣工日期：_____　　总工期：_____ 地下结构阶段开始/结束日期：_____ 主体结构阶段开始/结束日期：_____ 机电装修阶段开始/结束日期：_____
建筑面积	总面积：_____　地上：_____　地下：_____ 建筑高度[1]　地上：____m　地下：____m 建筑层高　地上：____m　地下：____m 建筑层数　地上：____层　地下：____层
建筑类型 （按使用功能划分）	□公共建筑（□教育建筑 □办公建筑 □科研建筑 □文化建筑 □商业建筑 □服务建筑 □体育建筑 □医疗建筑 □交通建筑 □纪念建筑 □园林建筑 □综合建筑） □居住建筑
建筑类型 （按建筑材料划分）	□钢筋混凝土结构（混凝土用量[2]_____t　用钢量[3]_____t） □钢结构（总用钢量_____t） □钢-混凝土组合结构（混凝土用量_____kg/m²　用钢量_____kg/m²）
结构类型	□框架　□剪力墙　□框架剪力墙　□框筒 □其他：
装配式	□是（装配率[4]_____%）　□否
基础类型	□桩基　□条形基础　□独立基础　□片筏基础　□箱型基础　□其他：

续表

基坑支护	□地下连续墙　□桩锚　□土钉墙　□其他_____ □内支撑（____钢/混凝土支撑）						
模板类别	□木质（比例[5]____%）　□金属类（比例____%） □其他（塑料等）：_____（比例____%）						
支撑类别	□扣件式　□工具式						
木方	_____ m^3/m^2[6]						
临时设施	□临时道路（占红线内面积____%，可周转路面____%） □加工棚（可周转____%）　□其他临建（可周转____%）						
装修交付标准	精装修（比例[7]____%）						
外立面材料	□石材　□玻璃幕墙　□涂料　□其他：____						
施工内容简述	填写说明：统计时间段内的施工内容说明						

	材料名称	统计开始时间[9]	统计结束时间[10]	统计期内的施工面积/m^2[11]			重量 /t	备注[12]
				地下结构阶段 /m^2	主体结构阶段 /m^2	机电装修阶段 /m^2[13]		
固废池类别[8]	……[14]							
	其余类[15]							
金属类	……							
	其余类							
无机非金属类	其余类							

续表

固废类别[8]	材料名称	统计开始时间[9]	统计结束时间[10]	统计期的施工面积/m²[11]			重量/t	备注[12]
				地下结构阶段/m²	主体结构阶段/m²	机电装修阶段/m²[13]		
有机类	……							
	其余类							
复合材料类	……							
	其余类							
危废类	……							

1 多个建筑中建筑高度不一致时，取最大值。建筑层高与建筑层数的填写方式同理。
2 建筑所使用的混凝土总量。
3 指每平方米建筑面积所使用的钢筋重量。
4 装配率：单体建筑室外地坪以上的主体结构、围护墙和内隔墙，装修和设备管线等采用预制部品部件的综合比例。
5 指不同类型的模板占总模板用量的比例。
6 指每平方米模板使用的木方的立方数。
7 指精装修面积占未精装修面积的比例。
8 不同种类固废具体所包含的固体废弃物物质，参见附录 A。
9 统计期内的上月 26 日开始。
10 统计期内的当月 25 日结束。
11 指在统计区间内，工程实际完成的建筑面积，通常以施工日志中记录的数值为准。详细的计算方法见填表说明。
12 现场初始固体废弃物（模板、木方等）是否可通过转运，由其他工程阶段的计算方法不同，详细见填表说明。
13 机电装修阶段的施工面积与地下结构阶段、主体结构阶段的计算方法直接利用。
14 可实现单独计量的现场固体废弃物。
15 未实现单独计量的现场固体废弃物。

表 3-2

不同施工阶段及不同种类固废的具体组成成分

固废类别/产生阶段	地下结构阶段	主体结构阶段	装修及机电安装阶段
金属类	钢筋头、废弃铁丝、废角钢、废型钢、废卡扣(脚手架)、废角钢管(脚手架)、废电箱、废螺杆、废钻头、废锯条片、废钉子、破损围挡、灭火器筒	钢筋头、废铜管、废钢管(焊接、SC、无缝)、废弃铁丝、废角钢、型钢、金属支架、废锯条片、废钻头、焊条头、废钉子、破损围挡、灭火器筒	电线、电缆、信号线头、废弃铁丝、角钢、型钢、涂料金属桶、废钻头、焊条头、废钉子、破损围挡、灭火器筒、铁皮桶
无机非金属类	混凝土、碎砖、砂石、桩头、水泥	混凝土、砖石、砂浆、腻子、砌块、碎砖、水泥	瓷砖边角料、大理石边角料、碎砖、凝土类、涂料滚筒、水泥
有机类	模板、木方、木制包装、塑料包装、塑料包装、纸质包装、安全网、塑料薄膜、防尘网、安全网、废毛刷、废毛毡、废消防箱、废消防水带、编织袋、废胶带、防水卷材、竹走道板	模板、木方、塑料包装、涂料、化微珠、保温板、废毛刷、安全网、防尘网、塑料薄膜、废消防箱、废消防水带、编织袋、废胶带、防水卷材、木制包装、纸质包装、竹走道板	木材、PVC管、木制包装、纸质包装、涂料、乳胶漆、苯板条、塑料包装桶、塑料门窗料、玻璃碎片、玻璃边角料、机电管材、竹走道板、废毛刷、废消防水带、编织袋、废胶带、
复合类	预制桩头、灌注桩头、轻质金属夹芯板	轻质金属夹芯板	轻质金属夹芯板、石膏板
危废	岩棉、石棉、玻璃棉等	岩棉、石棉、玻璃棉等	油漆(桶)、玻璃结构胶、密封胶、发泡胶

38

中 国 建 筑 股 份 有 限 公 司

中建股科函字〔2018〕78 号

关于收集在施工程施工现场固体废弃物
排放数据的通知

各相关单位：

住建部于 2018 年 4 月发布了《住房城乡建设部建筑节能与科技司 2018 年工作要点》，强调了"深入推进建筑能效提升，提升建筑垃圾利用效能"的主题，为及时、准确了解集团范围内各在施工程施工现场的固体废弃物排放情况，为行业甚至国家固废减排工作提供数据支撑，根据住建部要求现下发"中国建筑股份有限公司现场固体废弃物统计表"（见附件），由中国建筑一局（集团）有限公司负责数据汇总，请各单位落实并监督项目填报，收集的数据将在集团范围内共享。

具体要求如下：

（1）填报范围：除各子企业的省部级及以上绿色（科技）示范工程必填外，再提供不少于 50 个涵盖各类公建、住宅、各个施工阶段，不同施工工艺类型的工程；

（2）各项数据务必保证其真实性、准确性；

（3）各子企业请接到通知后，明确 1 名联系人与对应的数据汇总

图 3-1　《关于收集在施工程施工现场固体废弃物排放数据的通知》

住宅类建筑项目基本信息描述　　　　　　　　　　　　　　表 3-3

施工阶段	项目描述
地下结构阶段	➢ 地下建筑面积 15000-91670.28m²；地下建筑高度 4-12m； ➢ 基坑围护形式：自然放坡、地下连续墙、土钉墙； ➢ 基础形式：筏板基础、桩基础、独立基础； ➢ 地下室结构：框架结构
主体结构阶段	➢ 地下建筑面积 15000-91670.28m²；地下建筑高度 4-12m； ➢ 基坑围护形式：自然放坡、地下连续墙、土钉墙； ➢ 基础形式：筏板基础、桩基础、独立基础； ➢ 地下室结构：框架结构
装修及机电阶段	➢ 建筑面积 54089.39-609000m²； ➢ 建筑高度 47-107m； ➢ 精装修比例最高达到 100%

公共建筑项目基本信息描述　　　　　　　　　　　　　　表 3-4

施工阶段	项目描述
地下结构阶段	➢ 地下建筑面积 35100-138586.94m²；地下建筑高度 9-26m； ➢ 基坑围护形式：自然放坡、地下连续墙、桩锚、土钉墙、桩锚＋土钉墙； ➢ 基础形式：筏板基础、桩基础、独立基础； ➢ 地下室结构：框架结构
主体结构阶段	➢ 地上建筑面积 34996.5-342828m²； ➢ 地上建筑高度 21-193m； ➢ 结构形式：框架结构、剪力墙结构、框剪结构、框筒、框筒＋剪力墙； ➢ 模板：铝模、木模、塑料模板； ➢ 装配率：最高达到 90%

施工阶段	项目描述
装修及机电阶段	➤ 建筑面积 48000-145981.21m²； ➤ 建筑高度 27-268m； ➤ 精装修比例最高达到 100％

3.3.3 固废排放的主要影响因素

在对处于不同施工阶段的 377 个在施工程进行数据收集及处理后，根据式（3-3），得到住宅建筑和公共建筑不同施工阶段中不同种类固废的排放率，结果如图 3-2 所示。可以看出，尽管固废产生阶段及固废种类都相同，但不同在施工程项目的固废排放率仍有较大差异，除了地理环境、施工管理水平、施工习惯等因素的影响外，本研究通过实地调查及半结构式访谈，认为影响固废排放率波动幅度的主要因素有以下三点。

1）采用铝模工艺

部分项目在主体结构阶段采用了铝模工艺，减少了废弃物的产生。相较于未采用铝模的项目，采用铝模工艺的住宅类项目，其无机非金属固废排放率的平均值减少了 1.8kg/m²，有机类固废排放率的平均值减少了 2.3kg/m²。原因主要有以下三点：①铝模的周转次数多，一般能达到 60 次左右，约是木模的 10 倍（木模的周转次数仅有 6 次左右）。因此，在混凝土浇筑过程中铝模的损坏程度很小，从而减少了废弃物的产生。②由于铝模自身的强度较高，铝模在混凝土浇筑的过程中，很少出现在木模中常见的漏模和胀模现象。因此，不仅减少了因胀模造成的模板破损而带来的废弃物产生，而且减少了漏模过程中造成的废弃混凝土的数量。③由于铝模板表面平滑，浇筑的混凝土构件表面可在后期抹灰时采用不抹灰或少抹灰的工艺，从而减少了废弃砂浆的产生。总之，部分项目采用铝模工艺是造成固废排放率波动的主要原因之一。

2）采用装配式构件

尽管现浇混凝土工艺在国内仍占据主要地位，但不容忽视的是预制混凝土构件已在建筑业崭露头角。在调研的 148 个住宅类项目中，12 个项目采用了装配式构件，装配率从 16％至 90％不等。相比于未采用装配式构件的项目，采用预制构件的住宅类项目，其无机非金属类固废的平均排放率减少了 3.1kg/m²。由于装配式构件的制作是在工厂内进行并在施工现场内安装，因此，避免了现场浇筑混凝土构件时产生的废弃物。虽然在预制构件进行安装时，需要在其连接处浇筑混凝土以保证稳定性，但这种

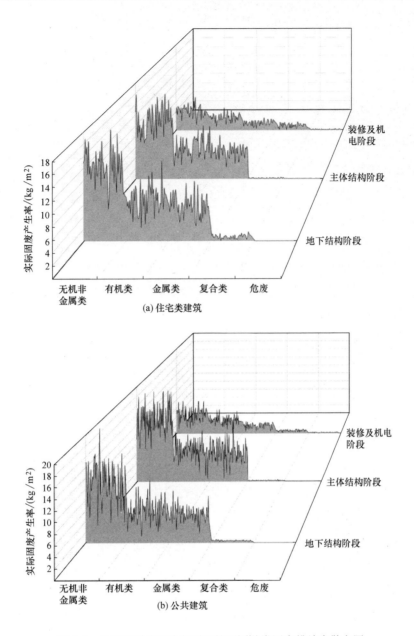

图 3-2　处于不同施工阶段项目的不同种类固废排放率散点图

情况下所产生的废弃物仍然很少。因此，应在国内鼓励并加大装配式建筑的发展力度，减少建筑业废弃物的产生。

3）地下结构形式复杂

基坑支护方式、地基处理方式及基础结构形式的不同都会增大地下结构阶段固废排放率的波动幅度。比如，采用自然放坡的在施工程几乎在基坑支护工程中不会有废弃物的产生，而采用地下连续墙作为基坑支护方式的项目则会在混凝土浇筑过程中产生较多的废弃物。

因此，基于上述三种主要因素的影响，固废排放率会出现波动幅度较大的现象。

3.3.4 分类固废排放率分析

为了进一步对不同施工阶段及不同种类固废的排放率进行比较，本研究采用均值法对固废排放率进行统计分析。虽然相关研究有采用中值法来反映固废排放率的集中趋势，但与均值相比，中值存在难以反映数据全部信息的弊端。因此，本研究采用固废排放率的均值进行统计分析（见图3-3），并对不同施工阶段、不同种类固废的排放量进行对比分析。

1）无机非金属类固废排放率分析

从图3-3中明显可看出，住宅建筑和公共建筑的无机非金属类平均固废排放率（简称为WGR）在三个施工阶段均处于最大值。无机非金属类固废主要由混凝土、砖、砌体、砂浆等材料构成，其中废弃混凝土的占比最大。因为混凝土材料的价格较高，它的定额损耗率一般控制在1%左右。虽然其损耗率较低，但混凝土的采购量占到所有材料的85%左右。因此，在混凝土工程中，由于胀模、漏模、订购量偏大等原因导致废弃混凝土大量存在于施工现场，这也是导致无机非金属类WGR最大的主要原因。同时，由于废弃混凝土主要存在于地下结构阶段以及主体结构阶段，在机电装修阶段只会在抹灰工程、地面工程中产生较少量的落地灰（废弃砂浆）及因裁切废弃的瓷砖，所以造成了机电及装修阶段的无机非金属类WGR明显小于其他两个施工阶段的WGR。

2）有机类固废排放率分析

有机类固废的平均排放率仅次于无机非金属类固废。在地下及主体结构阶段，有机类固废主要由废弃木模板及木方构成。而木模板的周转次数较低，大概在6到7次左右，因此在达到最大周转次数后，木模板将无法使用并成为废弃物。同时，在裁切模板以匹配混凝土浇筑构件时，也会产生较多的废弃模板及木方。在装修及机电安装阶段，经常会产生废弃塑料，如废弃PVC管材、废弃塑料包装等，但由于这种材质的废弃物质量较轻，造成装修及机电安装阶段所产生的有机类废弃物在重量上较少。值得注意的是，有些项目在主体阶段使用了铝模工艺，相比于木模工艺将产生少量的有机类固废，这也是主体结构阶段有机类固废少于地下结构阶段的主要原因之一。

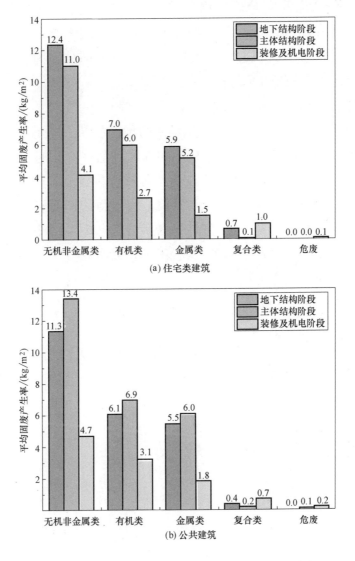

图 3-3　不同施工阶段项目的不同种类固废排放率均值分布图

3）金属类固废排放率分析

调研的施工现场均采用钢筋混凝土结构以增强现浇混凝土构件的性能。尽管钢筋占据了购买材料的大部分，仅次于混凝土材料，但由于其价格较高，现场管理人员比较关注其废弃排放率并积极采取对废弃钢筋的二次利用措施。例如，大部分施工现场规定，裁切的钢筋如果超过 30cm，需要再次焊接后继续使用。其余废弃钢筋则可制作为马凳筋等使用。因此，地下和主体结构阶段的金属类固废排放率偏低。而在装修及机电安装阶段，仅有重量较小的废弃钢丝、废弃电缆以及金属包装桶等，此一阶段的金属类固废明显小于另外两个阶段。值得注意的是，在城郊地区施工的项目经常会有拾荒者来捡拾价值较高的废弃物，尤其是金属类固废。因此，在此类废弃物称重前，部分堆放的废弃物已丢失，这也是金属类固废排放量小于有机类、无机非金属类固废排放量的部分原因。

4）复合类固废排放率分析

与上述已分析的三类固废相比，复合类固废的排放量明显较小。在所调研的项目中，复合类固废主要由废弃的预制桩头及废弃的石膏板构成。在地下结构阶段，由于很难确定基础的深度，所以一般打入桩孔的预制钢筋混凝土桩长会超出地面，而超出部分的钢筋混凝土需要裁减掉并成为废弃物。在装修及机电安装阶段，大多数工程项目使用石膏板作为墙体的隔热层及吊顶工程材料。因此，在对石膏板裁剪以适应结构构件的尺寸时，会产生部分废弃物并成为装修及机电安装阶段复合类固废的主要组成部分。

5）危废排放率分析

从图中可以明显看出，危废在施工现场的排放量极低，这也是近年来大力推行对建筑废弃物进行资源化利用的重要原因之一。危废主要产生于装修阶段，由带有毒性的油漆桶、玻璃胶、发泡胶等构成，其平均排放率在 $0.1kg/m^2$ 左右。

3.4 量化数据库的建立

本书采用的施工现场固废量化方式涉及的数据量较大，不仅数据采集的类型复杂（包括 5 类固废排放量以及 21 个影响因素的数据），而且数据收集的周期较长、频次较高。如果采用手动收集的方法，将极大增加数据管理的工作量，也会提高数据填报错误、数据流失的风险。因此，需要构建基于 Web 端的施工现场固废量化数据库，进行施工现场固废数据的收集、处理、存储及传递工作。这样，既可保证后续预测研究所需样本数量和质量，又可加强施工现场固废数据在项目参与方之间的共享，有利于促进施工现场固废信息化管控。

3.4.1 数据库需求分析

结合施工现场固废量化体系分析及施工现场固废管理实际情况，当前施工现场固废量化数据库需要解决以下三个方面的问题：

1）施工现场固废数据采集

在施工程的人员通过直接测量法对施工过程中产生的固废排放量进行统计，并将项目的基本信息和收集到的不同种类施工现场固废数据通过基于 Web 端的数据库进行填报，实现企业内部及相关部门在施工现场固废排放量数据方面的信息共享。

2）施工现场固废数据分析

量化数据库通过算法对数据填报人员填写的异常值及缺失值自动进行更正，对单一项目或同类型项目的施工现场固废排放量进行可视化分析，包括自动绘制不同种类废弃物排放量的饼状图与柱状图，并辅助管理者决策。

3）施工现场固废数据提取

数据库系统可以按类别批量抓取已收集在施工程的项目信息数据和固废排放量数据，比如抓取所有住宅类项目中无机非金属类废弃物排放量数据，并以 Excel 文件形式下载保存，方便用户对施工现场固废做进一步的预测研究工作。

3.4.2　数据库系统总体设计

数据库采用的是基于 Internet 的 B/S 模式，分别通过数据采集子系统、数据分析子系统、数据提取子系统等功能模块对项目各类数据进行归类、交互、挖掘和集成，如图 3-4 所示。

数据采集子系统。该子系统作为整个量化数据库系统运行的开端，是数据存储的主要组成部分。该分析子系统包括创建新项目模块、废弃物数据输入模块以及废弃物数据编辑模块。在施工程项目通过创建新的项目模块录入该项目的基本信息，包括建筑面积、建筑类型、建筑高度等 21 个影响因素，定期通过废弃物数据输入模块对已采集数据进行填报；如填报有误，可通过数据编辑模块对信息进行修改并保存。

数据分析子系统。该子系统作为呈现数据效果的重要组成部分，包括数据再组织模块、数据统计分析模块以及数据可视化模块。项目人员在填报相关数据时，会出现漏填以及填写错误的情况。数据再组织模块会自动识别缺失值以及异常值，并通过算法对该数据进行更新。数据统计分析模块可对同类别数据进行均值和标准差的计算。同时，数据可视化模块通过散点图、饼状图、柱状图等形式对已处理数据进行直观呈现。

数据提取子系统。该子系统作为量化数据库的输出部分，包括工程特征数据模块、废弃物量化数据模块以及导出格式文件模块。工程特征数据

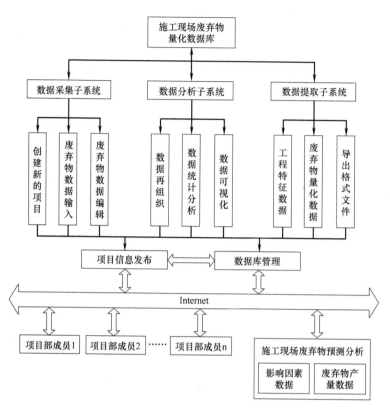

图 3-4　施工现场固废量化数据库总体设计

模块提取每个在施工程项目的基本信息数据，废弃物量化数据模块提取数据填报项目中不同种类废弃物排放量数据，并通过导出格式文件模块下载Excel 格式以及 .txt 文本格式的数据文件。

在此基础上，通过数据库管理以及项目信息发布，施工现场固废管理人员查询相应数据，服务于决策行为。研究人员对提取的数据进行再加工、分析，为后续的施工现场固废预测研究提供数据支撑。

3.5　施工现场固废排放量预测

施工现场固废排放量预测是施工现场废弃物管控的重要一环。但是，它的发展受到了一些阻碍。首先，由于国内施工现场固废排放量实际数据缺失或不准确，导致无法构建排放量预测模型或预测效果不佳。其次，传统预测方法往往不适用于复杂的废弃物排放量影响因素状况。比如，线性回归方法无法解决影响因素和排放量之间的非线性问题。因此，通过上节施工现场固废量化数据分析，发现影响因素多且复杂，不同种类固废排放率数据起伏波动大。同时，本章利用前馈型神经网络技术（BP）研究施工现场固废排放量预测机理，以期在施工项目开工之前达到固废排放量预测的效果，提高项目管理人员对施工现场固废的认知水平，进而加强施工现场固废精细化管控。

3.5.1　预测方法的选择

预测方法多种多样，且适用范围各不相同。如何根据固废排放量特点及预测方法的优势来选择合适的预测方法是构建固废排放量预测模型的前提。

1）算术平均法

在获取各项目的固废排放量之后，通过求得多个项目固废排放量的平均值，作为这一类工程项目固废排放量的典型值。

$$\frac{x_1+x_2+x_3+\cdots+x_n}{n}$$

这种预测方法计算简单，但忽视了对精度的控制，没有考虑工程项目的特殊性，忽视了样本之间的差异性。

2）线性回归法

因变量和自变量之间存在两种关系：确定性关系和非确定性关系。回归分析描述的是变量间的非确定性关系。根据变量之间的关系，回归分析通常分为线性回归分析和非线性回归分析。

线性回归分析分为一元线性回归和多元线性回归。一元线性回归解决的是一个因变量与一个自变量之间的因果关系，而多元线性回归分析的是一个或多个因变量与两个（包括）以上自变量之间的因果关系。在许多实际问题中，往往存在许多个影响因素之间的相互作用，因此，多元线性回归分析在解决实际问题中应用广泛。

固废排放量的预测是实际工程中急需解决的难题，其往往受多种影响因素的共同作用。Kern 和 Dias 等人应用多元线性回归分析法对居住建筑的固废排放量进行分析，选取固废产生数量作为因变量，选取总建筑面积、地上建筑面积、层数、地上层数与总层数之比、经济密度指数（EIC）、墙长所占建筑面积之比等 6 个影响因素作为自变量，通过实地调研获得 18 个样本集，并采用 spss 软件进行多元线性拟合分析，得到相应的预测模型，但该模型的决定系数 R^2 为 0.694，明显偏低。可以初步判定，应用多元线性回归分析进行固废排放量的预测并不理想。

3）S形曲线法

通过跟踪整个项目在施工阶段不同时间点产生的固废数量，拟合出一条固废总量随项目施工时间变化的曲线，可以得到形如"S"的增长曲线。即在项目开始阶段，固废排放量增长缓慢；进入项目施工中期，固废排放量增长速度加快；接近项目尾声时，固废排放量增长速度下降。但这种方法需要在获取整个项目施工阶段所产生固废数量的基础上进行才能取得预测的效果，而由于时间限制，本课题很难跟踪项目施工的全阶段，因此，此种预测方法并不适用。

4）支持向量机

寻找一个超平面来对样本进行分割，分割的原则是间隔最大化，最终转化为一个凸二次规划问题来求解。但随着样本数量的增加，该算法所耗费的运算时间将大大增加。

5）BP神经网络法

神经网络作为机器学习中的一种方法，广泛应用于各个领域。在预测方面，它能够通过样本的训练，找到各属性和预测值之间的非线性映射关系。BP神经网络能够考虑工程项目的特殊性以及固废特征的复杂性，解决未考虑因素的不确定性。具有非线性映射能力好、泛化能力强、容错性高三大特点。

3.5.2 BP神经网络预测合理性分析

由于固废排放量预测的特点是影响固废排放量的因素众多，而相关数据少；固废排放量预测不仅与已分析的影响因素有关，而且受很多不确定性因素的影响，因此，如何反映固废影响因素及不确定性因素与固废排放量之间的非线性映射关系，是本研究利用BP神经网络进行建模的目的。BP神经网络具有较好的非线性映射能力，可以通过对样本的反复训练，得到影响因素及不确定性因素和固废排放量之间的非映射关系及其关系函数，通过这种函数来计算预测固废的排放量。

BP神经网络不仅具有较好的非线性处理能力，而且具有良好的泛化能力、自学习能力和高容错性，这些性能使其能较好地适应固废排放量预测影响因素多、不确定因素干扰、样本量较少的特点。

此外，BP神经网络预测算法所需样本数量较小。由于工程建设耗费时间长，国内所能采集的项目数据有限，所以在对预测模型进行训练时，会出现样本量少的情况。而对于 BP 神经网络而言，最小样本数在 30-50 个之间，能够满足固废排放量预测的需求。通过以上分析，采用 BP 神经网络建立不同种类固废数量与其对应的工程特征之间的非线性映射关系最为合理可靠。

3.5.3　固废排放量预测模型构建

基于神经网络的建筑固废排放量预测模型构建，首先通过了用于固废排放量的指标选取，该过程选取了一些重要的影响固废排放量的工程特征，是进行固废排放量预测的基础，接下来，是样本数据的搜集和整理，然后通过样本数据的处理和分离，将用于模型训练的样本分离出来，并将与此对应的样本数据处理好输入基于平台的神经网络模型中，通过模型的多次训练，构建基于神经网络的固废排放量预测模型（图 3-5）。

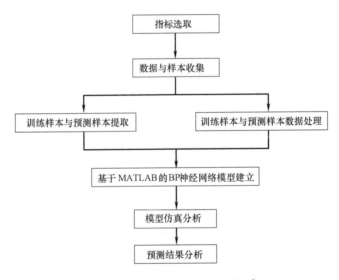

图 3-5　BP 神经网络预测模型构建机理

3.5.4　基于 BP 神经网络的固废排放量预测原理

由于每个施工阶段不同种类固废排放量的影响因素不尽相同，因此，为了提高固废排放量预测模型的精确性与准确性，本研究将分别对 3 个施工阶段中的 5 类固废进行排放量预测模型的构建，共构建 15 个子模型，用公式表示如下：

$$WGR_i^j = f_{\text{BPNN}}(x_1, x_2, \cdots, x_n) \tag{3-4}$$

式中：

WGR_i^j——第 i 个施工阶段中第 j 类固废的预测排放率，kg/m^2；

f_{BPNN}——BP 神经网络预测模型；

x_1，x_2，$\cdots$，x_n——输入指标，即固废排放率影响因素。

在得到施工项目中不同施工阶段及不同种类的固废排放率之后，可通过式（3-5）预测整个施工项目的固废排放率：

$$WGR = \frac{\sum_{j=1}^{j=5}WGR_1^j \times A_u + \sum_{j=1}^{j=5}WGR_2^j \times A_s + \sum_{j=1}^{j=5}WGR_3^j \times A_t}{A_t}$$

（3-5）

式中：

WGR——某施工项目预测固废排放率，kg/m^2；

$\quad i$——施工阶段；

$\quad j$——固废类别；

A_u——地下建筑面积，m^2；

A_s——地上建筑面积，m^2；

A_t——总建筑面积，m^2。

某施工项目不同种类固废排放率预测值计算公式：

$$WGR^j = \frac{WGR_1^j \times A_u + WGR_2^j \times A_s + WGR_3^j \times A_t}{A_t}$$

（3-6）

WGR^j——某施工项目第 j 类固废的预测排放率，kg/m^2。

$\quad i$——施工阶段；

$\quad j$——固废类别；

A_u——地下建筑面积，m^2；

A_s——地上建筑面积，m^2；

A_t——总建筑面积，m^2。

某施工项目不同施工阶段的固废排放率计算公式：

$$WGR_i = \sum_{j=1}^{j=5}WGR_i^j$$

（3-7）

WGR_i——某施工项目第 i 个施工阶段的固废预测排放率，kg/m^2。

3.5.5 预测模型指标

固废排放量预测模型指标体系包括输入指标和输出指标。处于不同阶段的不同种类固废排放量的影响因素构成了固废排放量预测模型的输入指标，固废排放率（kg/m^2）构成了固废排放量预测模型的输出指标（表 3-5）。

固废排放量预测模型输入指标　　　　　　　　表 3-5

固废排放率 影响因素	地下结构阶段	主体阶段	装修、机电安装阶段
金属类	地下建筑面积、地下高度、基坑支护、基础类别、桩基类别、金属模板比例	地上建筑面积、地上高度、用钢量、结构类型、装配率、金属模板比例	总建筑面积、建筑高度、精装修比例
无机非金属类	地下建筑面积、地下高度、基坑支护、基础类别、桩基类别	地上建筑面积、地上高度、混凝土用量、结构类型、装配率	总建筑面积、建筑高度、精装修比例
有机类	地下建筑面积、地下高度、基坑支护、基础类别、桩基类别、木模板比例	地上建筑面积、地上高度、结构类型、装配率、木模板比例	总建筑面积、建筑高度、精装修比例
复合类	地下建筑面积、地下高度、基坑支护、基础类别、桩基类别	地上建筑面积、地上高度、结构类型、装配率	总建筑面积、建筑高度、精装修比例
危废		地上建筑面积、地上高度、结构类型、装配率	总建筑面积、建筑高度、精装修比例

3.5.6　量化预测应用结果分析

1）单一案例预测结果

收集 148 个项目的固废实际排放量及项目信息，利用 BP 神经网络技术建立了 15 个居住建筑施工现场固废排放量子预测模型。以勤诚达正大城花园一期（A607-0847）7 栋项目为例，对项目在施工阶段将要产生的固废排放量进行预测分析。

通过发放固废排放量统计表，可以收集到项目的基本信息，如表 3-6 所示。将这些统计信息进行数据预处理后作为输入指标，导入到 BP 神经网络预测模型中，运用 MATLAB R2017b 平台对此项目的固废排放量进行预测，预测结果如表 3-7 所示。

项目基本信息　　　　　　　　表 3-6

工程名称	勤诚达正大城花园一期（A607-0847)7 栋项目
建筑面积(m²)	总：207807；地上：137585；地下：70222
建筑高度(m)	总：166；地上：149.2；地下：16.8
建筑类型	☑钢筋混凝土结构(混凝土用量 170000 t；用钢量 75.6 kg/m²) □钢结构（总用钢量＿＿＿t) □钢-混凝土组合结构(混凝土用量＿＿t　用钢量＿＿＿kg/m²)
结构类型	□框架　□剪力墙　(框架剪力墙）　□框筒　□其他：＿＿＿
装配式	☑是(装配率 56.5%)　□否
基础类型	☑桩基　□条形基础　□独立基础　□片筏基础　□箱型基础　□其他：＿＿＿
基坑支护	□地下连续墙　□桩锚　□土钉墙　□其他
模板类别	☑木质(比例61.34 %)　(金属类比例38.66 %)
装修交付标准	精装修(比例0 %)

从图 3-6 可以看出，该项目地下结构阶段的固废排放率最高，达到了 26.6kg/m^2，主体结构阶段和装修及机电安装阶段的固废排放率次之。从图 3-7 中看出，无机非金属类固废占比超过固废总排放率的一半，为 15.8kg/m^2；危废占比很小，几乎可以忽略不计。

勤诚达正大城花园项目固废排放量预测结果　单位：kg/m^2　表 3-7

	无机非金属类	有机类	金属类	复合类	危废	总量
地下结构阶段	12.7	7.3	6.2	0.4	0	26.6
主体结构阶段	10.7	5.2	4.1	0.15	0.02	20.2
机电装修阶段	4.8	2.2	1.3	0.5	0.1	8.9
总量	15.8	7.7	5.7	0.7	0.1	30.1

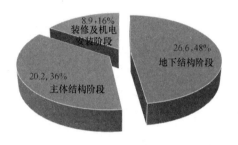

图 3-6　不同施工阶段固废排放量（kg/m^2）及占比

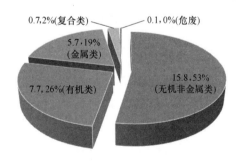

图 3-7　不同种类固废排放量（kg/m^2）及占比

2）已采集样本预测结果分析

2020 年 5 月，住房和城乡建设部发布的《关于推进建筑垃圾减量化的指导意见》指出，在 2025 年底，实现新建建筑施工现场建筑垃圾（不包括工程渣土、工程泥浆）排放量每万平方米不高于 300t，即 30kg/m^2，装配式建筑施工现场建筑垃圾排放量每万平方米不高于 200t，即 20kg/m^2。

已收集 377 个在建施工工程预测输入指标（归一化处理后）及输出值分析表

表 3-8

项目类型	项目序号	X_1	X_2	X_3	X_4	X_5	X_6	X_7	X_8	X_9	X_{10}	X_{11}	X_{12}	X_{13}	X_{14}	X_{15}	X_{16}	Y
装配式建筑	1	0.33	0.70	0.31	0.09	0.73	0.75	0.18	0.20	0.17	0	0.18	0.77	0.60	0.23	0.86	0.47	31.05
	2	0.66	0.16	0.92	0.33	0.69	0.27	0.22	0.20	0.34	0.25	0.54	0.20	0.34	0.44	0.82	0.67	26.98
	3	0.66	0.03	0.35	0.64	0.30	0.72	0.55	0	0.34	0.50	0.30	0.66	0.93	0.82	0.32	0.64	36.57
	4	1	0.96	0.74	0.26	0.54	0.20	0.15	0.40	0.51	0.50	0.25	0.84	0.30	0.31	0.63	0.71	34.74
	5	1	0.07	0.75	0.25	0.49	0.30	0.28	0.20	0.51	0.25	0.88	0.58	0.44	0.59	0.95	0.92	31.35
	6	0	0.01	0.04	0.65	0.60	0.64	0.50	0.80	0.83	0.75	0.41	0.14	0.66	0.97	0.59	0.63	33.92
	7	0.66	0.02	0.15	0.09	0.13	0.28	0.14	0.60	0	0.50	0.51	0.76	0.39	0.06	0.31	0.24	31.70
	...	...	...	...	...	...	...	...	...	...	...	...	...	...	...	...	...	...
	78	0.33	0.55	0.55	0.79	0.27	0.02	0.55	0.80	1	1	0.20	0.93	0.95	0.82	0.91	0.77	33.44
非装配式建筑	1	0.33	0.33	0.82	0.60	0.18	0.55	0.67	0.80	1	0.25	0.56	0.25	0.36	0.62	0.31	0	40.98
	2	0.33	0.81	0.11	0.17	0.28	0.55	0.51	0.20	0.68	0.25	0.74	0.00	0.69	0.49	0.48	0	42.29
	3	0.66	0.54	0.45	0.72	0.17	0.60	0.26	0.20	0.68	0.25	0.17	0.03	0.19	0.93	0.77	0	41.21
	4	1	0.59	0.78	0.92	0.36	0.33	0.98	0.80	0.34	0.75	0.21	0.28	0.16	0.38	0.21	0	33.94
	5	0.66	1.00	0.19	0.43	0.28	0.78	0.04	0.20	0.51	0.75	0.88	0.51	0.58	0.41	0.19	0	38.02
	6	1	0.63	0.88	0.23	0.41	0.14	0.29	0.20	0.83	0.50	0.59	0.51	0.63	0.74	0.17	0	39.75
	7	0	0.20	0.17	0.30	0.90	0.53	0.49	0.40	0.83	0	0.61	0.98	0.15	0.43	0.57	0	40.54
	...	...	...	...	...	...	...	...	...	...	...	...	...	...	...	...	...	...
	299	0.33	0.48	0.77	0.21	0.19	0.17	0.57	0.40	0.34	0.50	0.69	0.19	0.16	0.58	0.63	0	38.42

接下来，研究将已收集的 377 个在建工程项目划分为装配式建筑（该类项目共 78 个）及非装配式建筑（该类项目共 299 个），并按照已经构建好的预测模型分别对这两类项目进行预测分析，输入指标为：建筑类型（X_1）、总建筑面积（X_2）、地下建筑面积（X_3）、地上建筑面积（X_4）、建筑高度（X_5）、地下高度（X_6）、地上高度（X_7）、基坑支护（X_8）、基础类别（X_9）、结构类型（X_{10}）、用钢量（X_{11}）、混凝土用量（X_{12}）、木模板比例（X_{13}）、金属模板比例（X_{14}）、精装修比例（X_{15}），装配率（X_{16}），输出指标为固废排放量 Y，将预测指标进行归一化处理，具体预测过程如表 3-8 所示。

通过对 377 个在建工程项目施工现场固废排放量进行预测后，得到统计数据，如表 3-9 所示。其中，装配式建筑的固废排放量高出限值约 11 kg/m^2，其中一个重要原因是目前已收集项目的装配率偏低。非装配式建筑的固废排放量超出限值约 10 kg/m^2，超出排放量限值的两种类型项目数量占比均超过了 85%，因此，未来 5 年中施工现场固废减排工作刻不容缓。

已收集 377 个项目预测值统计分析 表 3-9

项目类型	固废排放量 平均值/(kg/m²)	固废排放量 标准差	超过排放量限值的 项目数量占比
装配式建筑	31.2	5.3 kg/m²	91%
非装配式建筑	39.8	3.6 kg/m²	85%

第4章 施工现场固体废弃物减量化技术

为实现施工现场固体废弃物的最终减排，应优先实施施工现场固体废弃物的源头减量。源头减量模式不同于传统的末端处理模式，是一种以预防为主的减量模式，开展施工现场固体废弃物源头减量化工作，也可以认为是避免或者减少施工现场固体废弃物产生的方法。目前，建筑行业信息化发展缓慢，施工现场管理粗放，施工过程数据，尤其是材料量统计的不确定性，直接影响并阻碍了施工固废源头减量的实现。因此，本章深入讨论物料管控环节的不确定性及其对施工现场固废减量化的影响机制，提出数字化建造综合性手段下以施工现场固体废弃物产生量最小化为目标的方案优化技术、施工现场固体废弃物控制技术与措施、基于数字建造技术的施工全过程仿真分析方法，最终通过系统应用以施工全过程材料资源与工序工艺最优化配置为目标的施工现场固体废弃物减量化技术，实现施工现场固体废弃物源头控制目标。

4.1 施工现场固废减量化关键影响因素分析

施工现场固体废弃物源头减量化即先于固废产生进行资源化利用工作，受多方面因素的影响。为了全面分析固废减量化的影响因素，本书结合施工现场质量管理"人机料法环"的管理理念，根据理论分析和现场实地勘察，构建基于"人员—材料—设备—工法—环境—管理"6要素的减量化影响因素。

4.1.1 影响因素表征

1）人员因素

人员是施工现场固废减量化工作的主体。在对施工现场固废减量化工作进行规划及实施时，人员的主观意识及工作经验会影响减量化工作的效果。施工现场固废减量化意识较强的决策人员在制定相关设计方案及施工方案时，通过考虑减量化措施，可以减少施工现场固废的产生。同样，拥有较强固废减量化技能的施工人员也能减少固废的产生，例如，采用喷涂工艺的油漆工比采用粉刷工艺的油漆工更能节约油漆，从而减少危险废弃物的产生。因此，该因素由相关人员减量化意识、相关人员减量化技能进行表征。

2）材料因素

根据质量守恒定律，可知建筑材料在施工过程中会产生固废，且材料是施工现场固废的唯一来源。建筑材料的选用及管控，将直接影响施工现场固废减量化的效果。采用劣质材料，在施工过程中会造成返工，在使用过程中会减少建筑的使用寿命，从而造成废弃物的产生。高周转次数的模板体系，如铝模板，可以减少施工过程中的模板损坏，从源头降低固废的产生率。因此，该因素由选用高性能及高耐久材料、选用可循环利用材料、采用高周转性材料、精准下料等进行表征。

3）设备因素

设备因素是施工现场固废减量化效果的间接影响因素。在施工现场固废产生后，需要相应的设备对各类废弃物进行收集、分类、资源化利用及处置。虽然这些设备不能从源头上减少固废的产生数量，但能够间接影响项目开工前建筑废弃物管理人员的决策。例如，在施工现场固废减量化目标与进度目标冲突时，拥有就地资源化利用固废设备的项目可以适当放宽源头减量化标准，在保证完成进度目标的同时，通过资源化设备减少固废的排放量。因此，该因素由固废收集装置、就地资源化利用设备、分类堆放器具、场外分类运输进行表征。

4）工法因素

目前我国建筑业正处于快速发展阶段，相关建造技术及工艺也在不断发展及更新，并成为施工现场固废减量化工作中的关键影响因素。固废减量化工作的重点处于设计阶段及施工前准备阶段，采用先进的技术手段在施工前减少设计变更及专业间的冲突问题，可以大大减少施工现场固废的产生。同时，日益完善的施工工艺，如装配式施工，不仅能够缩短工期，而且在施工过程中可减少现浇混凝土工艺中产生的废弃材料，这将明显减少施工现场固废的产生。此外，将上一章节中量化技术引入施工前准备工作中，可通过提前预知施工现场固废的产生量数据，有针对性地对相关施工工艺环节进行优化，从而减少废弃物的产生。因此，该因素由开工前产生量的预测、设计施工一体化、设计优化及深化、方案优化、数字加工、装配式施工进行表征。

5）环境因素

环境因素是进行工程项目管理的外部因素，主要体现在政府主管部门对施工现场固废减量化的职责划分及相应政策出台上，其对减量化工作具有引导及制约作用。课题通过对施工企业的实地访谈，发现相关政府主管部门仍然存在对施工现场固废处理全过程中职责划分不明确的问题。同时，政策覆盖是否"全面到边、执行到底"，包括固废减量化目标、源头产生、资源化利用、奖惩收费制度等政策，都会影响施工现场固废减量化工作的效果。因此，该因素由明确减量化政府牵头部门、减量化政策覆盖全面性、减量化目标纳入合同文本、减量化措施费纳入工程造价进行表征。

6）管理因素

管理因素是施工现场固体废弃物减量化不可忽视的因素。管理过程中既涉及对人的管理，也涉及对物的管理。对人的管理方面，应选择合适的工程项目组织模式，协调好各参与方之间的责任关系，明确参与方之间以及部门之间的固废减量化工作职责。在对物的管理方面，应科学筹划施工方案，在施工过程中采用信息化手段加强对成品的质量控制及保护，从而减少施工现场固废的产生。因此，该因素由工程项目管理的组织模式、明确各参与方的主体责任、施工方专项管理的组织架构、专项施工方案编制、建造过程中的质量控制、建造过程中的安全管理、信息化管理、成品保护、减少变更、永临结合进行表征。

4.1.2　问卷调查与结果分析

通过上述分析，总结出"人员—材料—设备—工法—环境—管理"6 个方面的施工现场固废减量化影响因素，并根据此设计调查问卷。该问卷主要分为两个部分，第一部分关于问卷填写者的背景资料，包括单位性质、工作年限等信息；第二部分是对施工现场固废减量化影响因素的重要性程度进行了解，每个因素划分为五个等级：不重要、较重要、重要、很重要、极其重要。

本次问卷调查共发放问卷 350 份，收回 298 份，收回率达到 85%。由于文件损坏及填写错误等原因，剔除无效问卷 13 份，有效问卷共 285份，有效回收率达到 81%。根据 Moser 和 Kalton 的研究结论，本次调查问卷有效率在合理范围内。

从图 4-1 中可以看出，样本结构中设计单位及施工单位占据了绝大部分，几乎达到了 70%，业主单位、科研院所、监理单位也均有涉及，被访者的多样性一定程度上满足本研究的科学性及严谨性要求。同时，从图中可以看出绝大多数被访者对施工现场固废减量化工作均有了解，这样问卷填写人在对问卷调查的影响因素进行赋值时，更有针对性也更为准确。

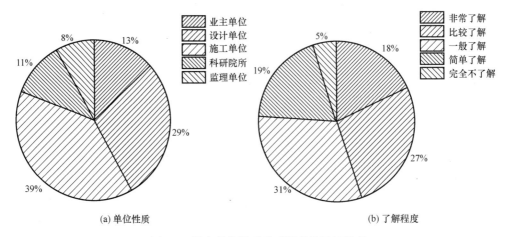

（a）单位性质　　　　　　　　　　（b）了解程度

图 4-1　样本单位性质及对固废的了解程度

施工现场固废减量化影响因素调研表中的重要程度"不重要、较重要、重要、很重要、极其重要"分别用数字1、2、3、4、5进行量化。因此，每个施工现场固废减量化影响因素重要程度的平均水平可用公式（4-1）进行计算。

$$L_f = \frac{N_1 \times 1 + N_2 \times 2 + N_3 \times 3 + N_4 \times 4 + N_5 \times 5}{N_1 + N_2 + N_3 + N_4 + N_5} \qquad (4\text{-}1)$$

式中，L_f 表示第 f 个影响因素的平均重要系数；N_1、N_2、N_3、N_4、N_5 分别表示该影响因素在重要程度"1、2、3、4、5"中的调查问卷数量。

本研究采用统计学中的 t 检验法对施工现场固废减量化影响因素的重要程度进行评估。在评估之前，设定原假设条件：H_0：$u \leqslant u_0$ 时，该影响因素为"不重要"或者"较重要"；备选假设则为：H：$u > u_0$ 时，该影响因素为"很重要"或者"极其重要"。其中，u 为样本总体的平均值，u_0 为影响因素重要程度，用"重要"3进行表示。具体公式计算如式（4-2）：

$$t = \frac{\overline{x} - u_0}{Sx/\sqrt{n}} \qquad (4\text{-}2)$$

式中，$\overline{x}$ 为该影响因素的样本平均值，u_0 为设定的影响因素重要程度，S_x 为样本总体均值，n 为样本的数量。根据 t 检验法，若 $t > t(n-1, \alpha)$ 时，拒绝原假设，认为该影响因素为"很重要"或者"极其重要"，反之，则认为"不重要"或者"较重要"。本次样本数量 n 为 285，α 为显著性水平，取值 0.05，则 $t(n-1, \alpha)$，即 $t(285, 0.05)=1.968$。

根据上述公式，可计算施工现场固废减量化影响因素重要系数，比较影响因素间重要程度大小，如表 4-1 所示。

施工现场固废减量化影响因素重要性统计结果　　　　　　表 4-1

施工现场固废减量化影响因素		问卷数量					排序	方差 S_x	t 值
		♯1	♯2	♯3	♯4	♯5			
A. 人员因素	相关人员减量化意识	43	74	168	63	3	29	1.5650	-1.2119
	相关人员减量化技能	17	99	115	82	37	12	1.6753	2.5645 *
B. 材料因素	选用高性能、高耐久材料	37	84	152	66	11	25	1.6166	-0.5433
	选用可循环利用材料	31	91	140	69	19	21	1.9933	1.2853
	采用高周转性材料	16	99	114	83	39	11	0.8569	2.6654 *
	精准下料	5	106	96	90	53	6	2.8316	3.3719 *
C. 设备因素	固废收集装置	32	91	141	69	17	22	2.2618	1.2441
	就地资源化利用设备	22	98	119	80	31	15	2.4976	2.2509 *
	分类堆放器具	25	97	128	73	27	17	1.3973	2.0645 *
	场外分类运输	34	88	147	67	15	23	1.7494	0.4057
D. 工法因素	开工前产生量的预测	28	95	135	70	23	19	1.8723	1.9765 *
	设计施工一体化	2	108	87	96	57	2	1.1176	5.2923 *
	设计优化及深化	4	106	91	94	55	3	1.3952	5.1987 *
	方案优化	8	103	101	88	49	4	1.8832	3.7927 *
	数字加工	29	92	139	69	21	20	2.0154	1.9686 *
	装配式施工	1	109	84	98	59	1	1.9857	6.7136 *
E. 环境因素	明确减量化政府牵头部门	11	101	107	86	45	8	0.7254	3.1555 *
	减量化政策覆盖全面性	10	102	106	86	47	7	0.9796	3.3686 *
	减量化目标纳入合同文本	14	100	112	83	41	16	1.8061	2.2072 *
	减量化措施费纳入工程造价	35	85	150	67	13	24	1.4672	0.0966
F. 管理因素	工程项目管理的组织模式	44	72	170	63	1	30	0.9857	-2.2786
	明确各参与方的主体责任	41	78	163	63	5	28	0.8015	-0.8827
	施工方专项管理的组织架构	40	79	161	64	7	27	0.7069	-0.7227
	专项施工方案编制	38	80	157	65	9	26	1.6785	-0.6287
	建造过程中的质量控制	23	97	122	79	29	10	0.9944	2.9005 *
	建造过程中的安全管理	26	95	131	72	25	18	1.9747	1.9929 *
	信息化管理	13	101	108	85	43	9	1.7200	3.1384 *
	成品保护	20	98	119	80	33	14	1.8766	2.2797 *
	减少业主变更指令	19	98	118	80	35	13	1.4967	2.4097 *
	永临结合	7	105	99	89	51	5	0.8363	3.4213 *

注：♯1，♯2，♯3，♯4，♯5 分别表示不重要，较重要，重要，很重要，极其重要；* 代表 t 检验值大于 $t(285, 0.05)$

在施工固废源头减量化影响因素统计表中，排名前十影响因素子项分别为：工法因素中的装配式施工、设计施工一体化、设计优化及深化、方案优化，分别排名表单中的 1、2、3、4 位；管理因素中的永临结合、信息化管理、建造过程中的质量控制，分别排名表单中的 5、9、10 位；材料因素中的精准下料，排名表单中的第 6 位；环境因素中的减量化政策覆盖全面性、明确减量化政府牵头部门，排名表单中的第 7、8 位。

根据以上调研结果，普遍认知中工法要素对施工现场固废减量化效果影响最大，其次是管理要素，两者在所有影响因素中比重远高于其他要素，引进更加先进的技术理念或提升其管理水平是有效提升施工现场固体废弃物减量化效果的关键支撑。同时，在现有基础上，继续加强环境因素方面政策支持导向作用，这也是推动施工现场固体废弃物源头减量化的重要手段。

4.2 施工现场固废源头减量方法内涵

结合上面量化测量方法选择一节所述，提出施工现场固废排放量按照一定频次经过分类、收集等流程对即将运出场外的固废进行称重的直接测量法，可以称之为结果导向测量法。针对某一项工程，可以在不同阶段通过数据统计，得到各阶段各类固废的排放量，为固废减量化措施提供了方向，但真正能体现从工程策划、设计、施工全过程减量效果，能够达到追根溯源目标的是间接测量法，亦可称之为过程控制测量法。

间接测量法（Indirect Method of Measurement）需要通过数学模型的计算得出测量结果。它利用被测量与某些物理量间的函数关系，先测出这些物理量（间接量），再得出被测量数值。

施工现场固体废弃物来自施工建造过程中参与的不同种类建筑材料。其作为被测量，与施工现场不同阶段的材料量具备函数关系，可通过直接测得的其他材料量（间接量）计算得出。

受施工现场管理要素的影响及施工现场材料测算能力、传统管理模式管理水平的局限，在部分间接量的测算统计数据不准确的情况下，通过间接测量法计算施工现场固体废弃物产生量在实际操作时无法有效进行。只有在工程竣工后，通过上章介绍的排放量、资源化利用量直接称重测量数据求和计算得出。

反之，通过提高建筑施工材料的测算能力、施工过程的管理水平，逐步实现施工现场固体废弃物产生量的间接测量，也是从源头有效降低固体废弃物产生量的重要理论基础。

施工现场建筑材料的变化贯穿施工全寿命周期，并在量变过程始终遵循质量守恒定律。最终，由大部分材料量组成具备设计功能的建筑本体，其余部分则以剩余材料、资源化再生产品、排放固废的形式继续流通于建筑全产业链条中。其中，资源化利用产品及场外排放施工现场固体废弃物来自施工现场建材在施工过程产生的余废料，而余废料的总量则可近似统计为施工现场固体废弃物产生量。根据质量守恒定律，可得出以下等量数学关系：

施工现场建筑材料实际发生量＝施工现场固体废弃物产生量＋实际实体用量＋材料剩余量

施工现场建筑材料实际发生量＝施工现场建筑材料实际采购量＝施工现场建筑材料计划投入量＝（计划实体用量＋计划措施用量）＋测算冗余量

施工现场固体废弃物资源化处置量及施工现场固体废弃物排放量可通过直接测量法测得准确值，通过宏观分析，客观展现我国施工现场固体废弃物处置现状。围绕施工现场固体废弃物源头减量机理，将施工现场固体废弃物产生量定义为间接测量值，则材料利用过程的其余变量为间接量。以下为相关间接量现阶段的主要测量方法及过程，如图 4-2 所示。

计划实体用量：施工管理人员直接测量二维设计图纸中的施工内容得出。

计划措施用量：施工管理人员以工程量为单位，根据施工组织设计或施工方案的措施材料组成，通过量化计算得出。其中，施工组织设计或施工方案中施工措施，是由施工管理人员根据设计图纸，综合考虑施工技术

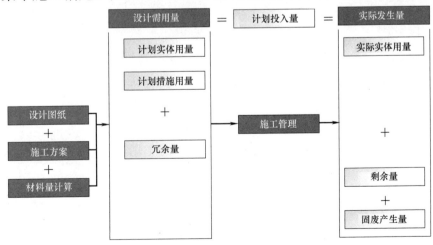

图 4-2　施工材料过程管理质量守恒方式

难度及经济效益比选确定的。

测算冗余量：施工管理人员根据实际施工及材料管理经验，结合材料物理属性，对测算的实体及措施用量乘以相应经验系数计算得出。

实际实体用量：建筑施工完成后，测算建筑实体总量。

材料剩余量：施工建筑材料采购进场后，未被投入施工生产的完整材料量。

施工现场固体废弃物的产生量是后续排放量及资源化利用量的总和。围绕本章重点讨论的施工现场固体废弃物源头减量，作为施工现场建筑垃圾产生源头以及施工现场生产主要管理要素，在上述内容中，研究团队结合质量守恒定律及间接测量法，系统分析了施工现场建筑材料各阶段过程变量与施工现场固体废弃物产生量的等量关系，验证了施工现场建筑材料过程转化量变过程对固体废弃物减量的内在作用。

基于上述围绕施工现场固体废弃物产生量构建的质量守恒方式，研究团队分析得出减量化技术内涵可以归纳为：从设计图纸绘制、施工方案编制、材料量计算、施工管理等材料转化相关阶段入手，通过对材料转化全过程的精准测算及管控，避免或减少由于过量冗余、余料浪费等行为对施工现场固体废弃物减量化造成的间接影响。

4.3　施工现场固废源头减量方法框架

施工建筑材料计划投入量的准确计算是实际发生量有效管理的前提保证，其测算依据主要为施工现场设计图纸及施工方案（施工组织设计）。其中，设计图纸是计划实体用量的直接依据，受现阶段工程建造系统"碎片化"特征的影响，绝大多数建设工程项目的设计图纸无法有效指导施工作业，需要施工单位在进场设计蓝图的基础上进行深化设计，确保施工过程的顺利进行。但受工期进度要求的影响，最终设计图纸的确认通常晚于建筑施工材料的测算及采购，因此施工单位通常以招标图或进场设计蓝图为依据，开展计划实体用量的测算，而实际施工则以最终施工图纸为依据进行。并且设计图纸作为施工方案及施工组织设计的编制依据，间接影响计划措施用量的测算。

工法因素中的"设计施工一体化""设计优化及深化"主要通过设计图纸实现固废减量化，"方案优化"则通过施工方案及施工组织中的施工工艺优化与完善避免施工固废的产生，而材料因素中的"精准投料"是前三者作用的效果表达，以上内容可统一看作是施工现场固废源头减量化的技术类方法。

以使用传统控制手段管理施工现场建筑材料的实际为例，通常存在材料领用出库环节管理不严，领料手续不完善，甚至出现代领、代签等现象，领料过程随意性大，不严格使用单位统一的材料领用单，且不遵守既定的领用原则，特别是对于现场急用的部分材料，管理尤为疏松。材料储存环节是保证材料质量的关键，但目前因储存不当、材料标识不明确、未按照材料的特点进行分区码放等导致的材料领用错误、材料作废问题屡有出现，无法实现对材料存储的动态跟踪，对材料管理尤为不利。

管理因素中的"永临结合""信息化管理""建造过程中的质量控制"是通过现场管理人员主动优化组织管理模式及提升管理手段的科技含量来避免固废产生的，而环境因素中的"减量化政策覆盖全面性""明确减量化政府牵头部门"是指通过外部环境施加的底线要求来加强现场管理人员的固废源头减量化意识，间接推动施工现场固废源头减量化管理水平。以上两者分别从内部和外部共同组成施工现场固废源头减量管理方法。

因此，研究团队以施工现场固废源头减量化技术方法和管理方法为主要类别，总结梳理了包含节材式设计、减废化工艺、政策面支持、精细化管理等多个方面的固废源头减量方法内容，图 4-3 为其主要框架。

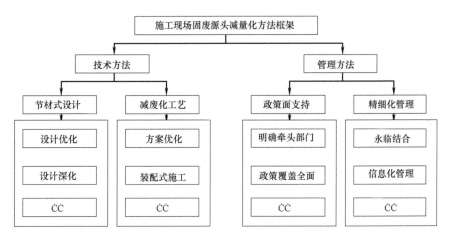

图 4-3　施工现场固废源头减量化方法框架

其中，政策面支持方面，随着政府及社会对施工固废治理关注度的不断提高，相关政策及标准体系也在逐步完善，2020 年出台了新版的《固体废物污染环境防治法》，专项增补了建筑垃圾内容，紧随其后，住建部又发布了建筑垃圾减量化《指导意见》《指导手册》，两者的出台均对施工固废源头减量起到了极大的推动作用，但针对施工现场固废源头减量，相较于方法框架中的其他方法，政策层面的引导仍只能起到间接影响的作用。因此，研究团队重点梳理了可直接对施工现场固废源头减量产生作用的其他三种方法，即节材式设计、减废化工艺、精细化管理，以下为方法主要内容及作用机制概述。

4.3.1 节材设计

1）设计优化

目前，我国建筑在设计阶段，仍以建筑功能实现及运行稳定为主要原则进行方案设计，但未从观念意识上对施工过程材料浪费导致的施工现场固体废弃物产生引起足够重视，设计优化仍以更具生产作业经验的施工单位为实施主体。即施工单位在工程进场后，在原有设计方案的基础上，以"不降低设计标准，不影响设计功能，并确保工程质量、合同工期、投资控制目标的实现以及施工的便利性、后期运营的效率和经济性，遵循合理、经济、可行"为基本原则，通过设计优化，缩减、循环和高效利用建筑主体及施工材料，避免施工现场固体废弃物产生和排放。

2）设计深化

建筑深化设计通常意义上定义为在设计院施工图（招标图）基础上，整合结构、机电、装饰等全专业，根据施工验收标准规范及施工工艺，以降低施工难度、提升施工效率为目标进行的图纸深化工作，其主要工作包括专业梳理、设计协调、深化图纸出图等。目前，随着建筑施工技术的不断发展，深化设计逐步开始向"正向设计-施工"偏移，逐步延伸形成了以精准投料、可视化设计协同等以"近零变更、一次成型"绿色施工理念的主要内容，其实际目的是为源头避免工程建造粗放管理提供依据保障。减少工程变更及加工材料损耗的深化设计措施，是施工现场固体废弃物减量化工作的重要内容。

4.3.2 减废工艺

针对两个或两个以上施工组织设计或方案，通过经济技术对比分析，以"经济高效，环保减排"为目标，梳理优势内容，对方案的组合、顺序、周期、生产要素调配等进行协调整合，形成可高效指导现场施工，且以施工现场固体废弃物产生量最小化为目标的方案或施工组织设计。

4.3.3 精细管理

1) 永临结合

永临结合作为绿色建造模式下施工体系的重要组成部分，部分措施在工程实践中已充分完善，并根据其适用性，成为典型建筑常态建设施工动作。但由于施工进度与作业条件等因素的影响，常面临需要采取临时措施补救以满足施工作业需要的情况；不仅如此，对永久产品的成品保护措施不足，也会造成建筑正式竣工运行期间产品二次修复的问题，替换的建筑构件也是造成施工现场固体废弃物产生的原因之一。

施工单位在满足相关标准规范要求，并且征得建设单位同意的前提下，对条件具备的施工现场，水、电、消防、道路等临时设施工程实施"永临结合"，并通过合理的维护措施，确保交付时满足使用功能需要。包括以下内容：

现场临时道路：现场临时道路布置应与原有及永久道路兼顾考虑，并应充分利用正式道路基层作为施工服务。

现场临时围挡：应最大限度利用已有围墙。

现场临时用电：根据工程建筑结构施工图纸及电气施工图纸，经现场优化选用合适的正式配电线路，合理划分区域，在此基础上，根据现场需求配置配电箱及临时照明。

现场临时照明导线敷设：利用主体施工阶段电器预埋管敷设临时照明线路，采用正式预埋管道穿线，所穿电线与工程设计的规格型号一致，电线最终将保留在管内作为正式建筑用线。

现场临时水管：正式工程消防管道用作临时工程消防及施工生产用水管道。

现场临时施工电梯：正式消防电梯替代临时施工电梯。

现场临时风管：地下室排风机及风管用作地下室临时通风。

临时市政管线：正式工程管线用作临时工程。

2) 信息化管理

由于管理手段落后，施工材料常出现限额领料不到位的情况。项目施工管理人员只关注施工质量及进度，对劳务队伍材料使用规范性的管理不严，施工材料在二次运输及安装过程中，会产生一定的边角余料，特别是对周转材料及易产生施工现场固体废弃物的材料等，目前缺乏有效的回收管控，造成现场余料的浪费，也直接导致施工现场固体废弃物的产生。

生产阶段，建筑材料精细化管理在施工现场固体废弃物减量化方面的工作，可以转化为按照设计图纸、施工方案和施工进度合理安排施工物资采购、运输计划，选择合适的储存地点和储存方式，全面加强采购、运输、加工、安装的过程管理。在此基础上实时统计并监控施工现场固体废弃物的产生量变化，以便采取针对性措施减少排放。

4.4 基于数字建造的固废源头减量化方法优化

数字模型是数字建造的基础，数字建造需要围绕数字模型开展各项工作，因此，模型及模型分析方法对于数字施工至关重要。模型一般指工程实体在虚拟数字平台上的体现，包括但不限于物体的数值模型、物理模型以及参数模型等。课题通过对近年来相关建筑工程 BIM 技术应用案例的总结分析，以对象模型为工程制图单元的 BIM 技术，不仅从几何参数上更为直观且形象地表达了工程建造实体，也为 4M1E（人、机、料、法、环）等各类工程建造生产要素相关信息融入提供了载体，极大地改进了以传统二维制图为基础的工程建造模式，可加快推进建筑行业信息化进程。同时，以建筑生产系统动力学为基础而衍生的施工仿真模拟工具，进一步完善了信息化建造过程模拟的细节处理及系统融合，侧面提升了生产决策的速度。总之，随着 BIM 技术在工程应用领域的拓展融合，其对"人机料法环"等生产要素的统筹调配及现场管理决策的影响更为明显（图 4-4）。

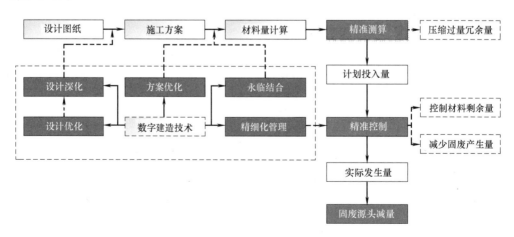

图 4-4 基于数字建造技术的施工现场固体废弃物源头减量化方法优化路线图

4.4.1　节材设计方法的优化

传统设计优化方式，主要是施工单位根据施工经验，从自身施工经济技术诉求出发，优先拟定优化方案，通过宏观分析及具体案例，引导建设单位同意方案内容。但因为建筑信息化发展缓慢导致大数据统计分析能力不足，无法充分考虑及提供相关客观分析数据，常常会出现优化方案流产等现象。而确定的优化方案在执行期间，也会因为客观不确定因素及内部资源调整不及时等，导致方案执行粗放，资源浪费超出范围，同时也表现为施工现场固体废弃物减量化效果不明显。

因此，以传统设计优化流程为基础，利用搭载边界条件及影响参数的模型，结合工艺操作流程及施工临时措施，全面模拟施工过程生产要素数据变化过程，对材料耗用、工程进度、成本输出等模拟数据进行对比分析，在直观展示的沟通环境下，促成建设各方形成统一设计方案，并利用大数据平台信息传递及时的特性，快速协调方案调整带来的资源统筹变化，为方案执行提供后台保障。

目前，由于施工固废量化工作仍处于起步阶段，量化数据库不完善，基于量化数据库、以施工现场固体废弃物预测为依据的施工固废减量化设计优化措施无法明确减量化目标及执行效果。但随着国家施工现场固体废弃物相关政策的逐步出台，以及施工现场固体废弃物动态监管机制的逐步完善，建造生产要素等减量化影响因素的作用也将更加明确。

而大数据＋云计算等数据处理类智慧建造技术的及时融入，也将进一步强化设计优化措施对施工现场固体废弃物减量化的作用，真正实现施工现场固体废弃物源头减量化。

设计深化方面，正在由传统二维图纸单专业系统深化及全专业空间协调，向采用 BIM 技术进行全专业三维一体化深化转变，但部分中小型企业碍于自身技术能力及人力资源条件仍无法全面适应，无法形成与自身项目管理体系相匹配且固化的设计深化协调管理体系。此外，部分领军企业正在对深化设计成果进行价值拓展，尤其以结合材料集中加工等物联管理技术，以实现施工现场材料精准投入为目标的建筑工业化设计深化体系为典型。

上文提出，BIM 技术由于其对象性建模的特点，更为契合施工现场生产行为特点，且衍生的精准投料技术内容也可成为后期施工现场固体废弃物减量化的重要前提。因此，针对设计深化机制的优化，可着重聚焦于有效压缩深化设计协调不充分导致的后期整改，以及大幅降低"深化-下料-施工"全过程信息处理方式不一致导致的材料损耗，以提升设计深化对施工现场固体废弃物减量化的作用效果。

受限于通信技术发展及企业传统设计深化管理模式，设计深化协同工作仍以局域网内部动态协同深化或广域网外部差异协同深化为主。由于专业意见的缺乏及成果传递的不及时，数据信息传输速率正在直接影响着设计深化质量。随着 5G 技术的商用普及，信息传输速率的加快，广域网全面动态协同设计深化将逐步淘汰现有深化设计模式，进一步降低深化设计引起的工程拆改及变更量，有效减少前者导致的施工现场固体废弃物产生。

在此基础上，5G＋物联网技术的提出，将进一步促进深化设计精准投料的成果转化效率，降低甚至避免材料管理（下料、领料）不到位导致的施工固体废弃物产生。

4.4.2 减废工艺方法的优化

目前，个体施工工艺及配套措施已趋于固化完善，但也限制了施工组织设计及方案具体执行的深层次优化，部分典型方案优化案例也主要强调宏观组织模式整体及工艺细节的优化，未对方案组成内容的协调性及数据网的延展性进行具体分析。与设计深化措施相似，在具体执行上由于缺乏预测数据的验证支撑，导致管理重点不明确、执行效果不明显，部分优化后的方案依然无法摆脱传统只关注工艺操作要求的方案落地性问题。

因此，针对以施工现场固体废弃物减量化为目标的方案优化，可利用BIM 技术优势，以直观可视化特性为基础，融合 BIM 5D（3D＋成本＋进度）理念，依托方案策划，全过程模拟方案执行过程，找出针对性措施节材、工艺工序控制优化方向，在确保方案落地可行性的基础上，有效减少工艺配套要求不到位及管理粗放导致的施工现场固体废弃物的产生。

4.4.3 精细管理方法的优化

永临结合作为绿色建造模式下施工体系的重要组成部分，部分措施在工程实践中已充分完善，并根据其适用性，成为典型建筑常态建设施工动作。但由于施工进度与作业条件需要在时间维度上的不协调等，常常会出现需要采取临时措施补救以满足施工作业需要的情况；不仅如此，对永久产品的成品保护措施不足，也会造成建筑正式竣工运行期间产品二次修复的问题，替换的建筑构件也是造成施工现场固体废弃物产生的原因之一。

因此，围绕施工现场固体废弃物减量化，针对永临结合措施优化，仍需利用 BIM 技术，结合施工进度，实现永临结合措施实施进度的动态调整，以及辅助结合构件成品保护策略的制定。

近几年，随着人工智能技术的发展，自行 3D 扫描、放样、安装等智能建造机器人正在逐步研发改进，可严格执行工序操作的机械特性，将可实现全面还原并验证方案虚拟仿真结论，并且可以保证产品质量，为进一步实现施工现场精细化管理奠定基础。

同时，以组织策略及工艺措施为主要内容的方案优化及永临结合措施，还可结合物联网、云计算技术，进一步促进集中加工、运输、安装等为主要作业流程的建筑工业化建造模式，避免人工作业导致的施工现场固体废弃物，也将成为施工现场固体废弃物减量化体系的重要组成部分。

4.5　施工现场固废数字化源头减量技术

施工现场固废数字化源头减量化技术（图 4-5），是在现有 BIM 三维建模技术基础上，针对设计过程及施工工艺近似的部分施工材料，依据"节材式设计"和"减废化工艺"原理，以算法形式植入，利用软件、插件等数字化工具精准模拟材料投入过程，智能高效测算材料量，有效压缩冗余投入量，避免固废产生的技术。

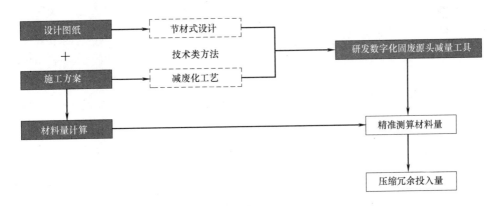

图 4-5　施工现场固废数字化源头减量化技术

结合本书中的固废分类体系，相较其他类别固废，利用处置设备在施工现场对无机非金属类固废进行资源化处置的条件较为成熟，可以优先开展资源化利用设备研究。而施工现场机电管线及现场临时支撑体系仍以金属类固废及混合类固废为主,现场资源化处置的经济技术可行性较弱;反之,以数字建造技术为支撑,研发材料投入量精准测算数字化工具避免材料采购及投入的过量冗余更具现实意义。下面介绍的是以两款数字化源头减量工具为主要内容的施工固废数字化源头减量技术。

4.5.1 数字化施工现场机电管线固废源头减量技术

机电管线精准测算技术是一种基于 BIM、建筑工业化技术的可视化模拟安装技术。本技术通过管线模型的定尺切割及余料重组,模拟现场整材管线的加工、安装过程,以最大限度实现管线材料源头减量为目标,智能计算得出最优材料投入方案,在确保施工现场实际施工质量、进度要求的前提下,降低采购冗余,实现机电管线精准投料。本系统适用于建筑机电系统中管道、风管、桥架的加工及安装。

1)管线精准投料系统需求分析

机电工程是建筑不可缺少的重要部分。随着建筑行业的快速发展,用户对建筑功能及舒适度的要求也逐步提高,机电安装内容包括设备、管线等的布置也越来越复杂,技术标准及施工难度越来越高。其中,安装工程预算定额中机电管线材料损耗率仅为 2% 左右。但现场调研发现,施工现场管线材料管理存在采购冗余过量、余料利用率低等问题,其损耗率通常可达 10%。机电管线加工安装过程中损耗率居高不下的主要原因包括:

(1)施工现场管道主要为定长材料,部分节点需要加工切割后安装;

(2)缺少高效精细化算量工具,管道生产进场周期长,因此通常根据经验损耗系数放大材料需用量,以满足现场施工周期,导致现场原材料过剩;

(3)现场预制加工能力弱,无法实现对管道余废料精细化管控,工人为方便施工,较少利用剩余短节。

对全过程,尤其以机电安装管线为主的加工类安装材料进行最优化投入,依靠传统粗放型管理以及人工测算手段是很难实现的,迫切需要运用数字化施工测算工具等先进手段来实现源头精准投料,间接促成后续的材料过程精细化管控。

2)技术执行原理(图 4-6)

3)应用步骤

(1)管线切割精度设置

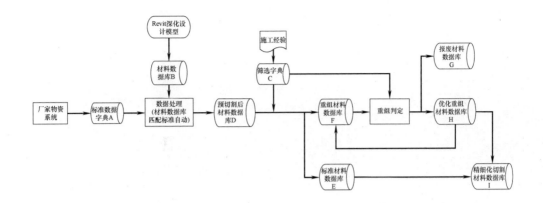

图 4-6　技术执行原理

提取当前视图下所有管线类别的信息，然后根据类别设定标准段的长度、正许可误差、负许可误差、许可废料长度。这些配置都是灵活的，配置后当前工具会以当前切割方案去对当前视图下的管线进行预切割，并将切割内容推送到切割方案计算中，如图 4-7 所示。

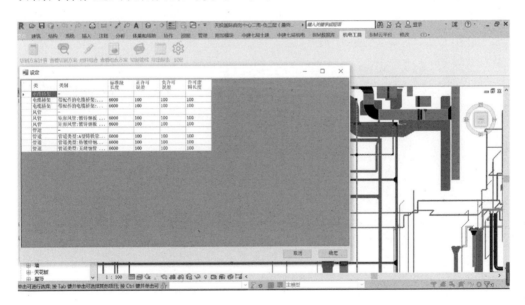

图 4-7　管线切割精度参数设置示意图

（2）切割方案计算

根据切割方案中设定的标准段与误差值，通过 Revit API 获取每个构件的尺寸信息与标识信息，结合贪心算法的算法支持，将当前模型中最优化的切割方案进行计算，并对每个计算结果在线调整，如图 4-8 所示。

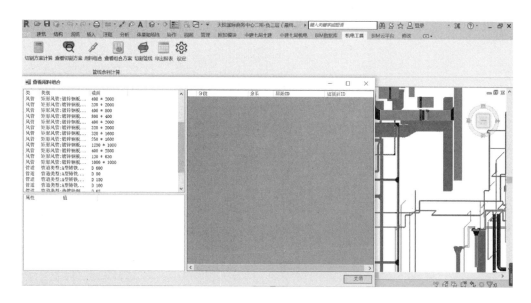

图 4-8　切割方案计算结果示意图

（3）切割方案查看

查看切割方案会根据当前设定的配置对当前视图的管线进行预切割，切割之后生成切割方案的结果，包括管线的类别、管线的详细类别、当前界面的尺寸、当前构件的 ID、截完之后的长度、当前的分段信息、当前管线的误差、当前管线的优化状态，以及切割之后的 ID，如图 4-9 所示。

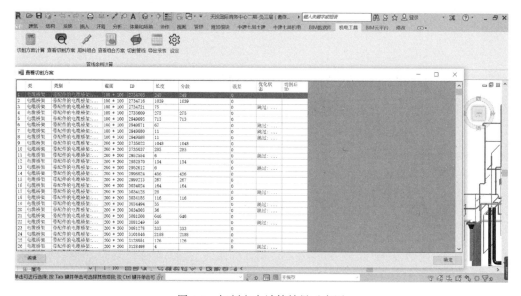

图 4-9　切割方案计算结果示意图

（4）用料组合

用料组合用于查看当前切割方案的用料，可以再次修改用料内容，然后重新计算切割方案，生成新的切割结果。通过点选操作，将模型创建软件中创建的构件属性信息进行显示，保证减量化过程中数据不丢失，如图4-10 所示。

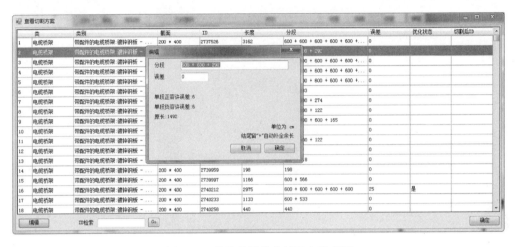

图 4-10　非整尺管线余料组合示意图

（5）导出报表

将当前的机电切割方案导入 Excel 中，其中包含不同类型的风管切割结果，导出生成的 Excel 名称为当前视图的名称，如图 4-11 所示。

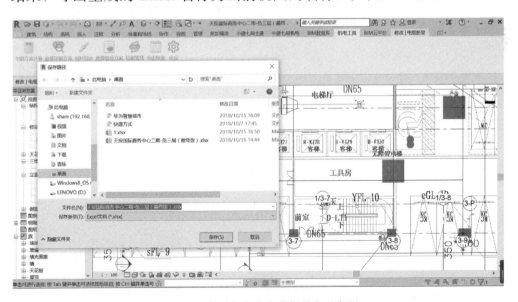

图 4-11　管线切割方案数据导出示意图

（6）切割方案执行

通过 RevitAPI，结合计算出来的切割方案，遍览当前视图中的每个构件，按照计算出来的尺寸进行实际切割，从而生成最优化的切割方案，如图 4-12 所示。

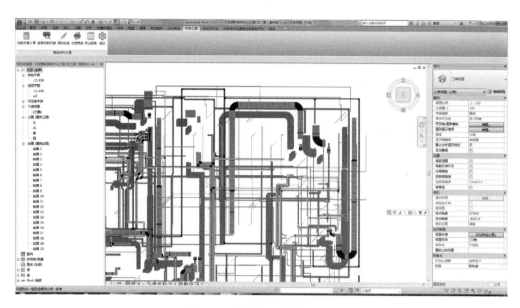

图 4-12　管线模型切割示意图

4.5.2　数字化施工现场模架支撑体系固废源头减量技术

模架智能优化配置技术利用模架智能优化软件，建立三维信息模型，选择相应模架体系，在保证架体计算安全可靠的前提下，可实现任意分区分段、智能模板排布以及各类别模板、杆件、扣件数量自动提取等创新功能，即智能优化设计，精准材料统计和三维可视，降低模架在施工设计和使用中的安全隐患，提升模架体系的材料周转效率。本系统适用于扣件式、碗扣式、盘扣式、键槽式 4 种架体的布设，模板目前仅支持木模板。

1）模架精准投料系统需求分析

虽然国家大量推广并在逐步普及工具式模板，但就现状，结合近三年相关文献信息可知，现场模板的使用仍以工艺相对成熟但损耗率较高的木模板体系为主。因此有效降低木质模板体系损耗率，将是实现现场固废源头减量化的重要措施。

2）技术执行原理（图 4-13）

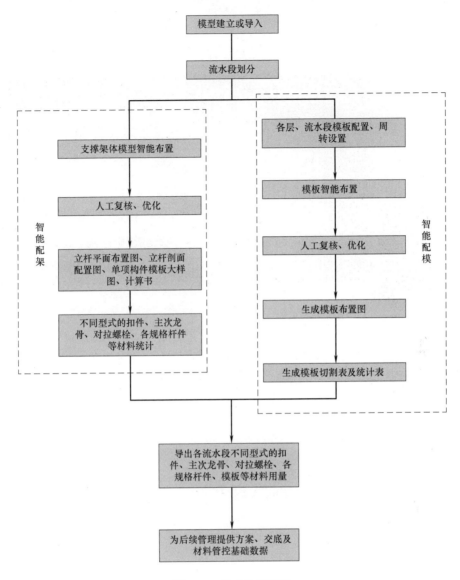

图 4-13　技术执行原理

3) 应用步骤

（1）支撑架模板智能布置

模型建立完成，确定支撑架轮廓线后，输入初试的基本模架参数，软件对结构截面数据和荷载等信息进行分析，通过软件内置的智能计算核心和布置引擎进行立杆、支撑架、连墙件等布置，完成整体支撑架的布置。同时软件对于每块板和每根梁进行安全计算，然后根据实际排布规则进行架体布置。

在计算架体类型上面，基本涵盖目前市面上大部分使用频率高的架体，规范上涵盖 GB 51210 等 17 本规范，确保满足不同的计算需求（图 4-14、图 4-15）。

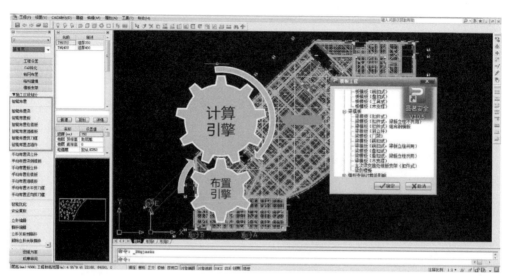

图 4-14　支撑架智能布置原理图

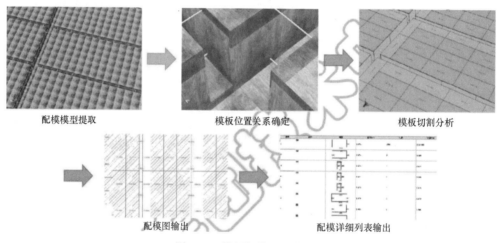

图 4-15　模板智能配置流程图

（2）高支模识别

在架体布置之前智能进行高支模区域的识别，根据高支模区域汇总表及模型对高支模区域进行说明，并导出"高支模辨识计算书"，待架体布置完成之后辅助编制高支模方案（图 4-16）。

（3）模板周转设置

根据项目需求对流水段进行模板周转的设置（图 4-17）。

（4）人工复核、优化

支撑架：技术人员对支撑体系模型进行核查，局部调整后确认最终的

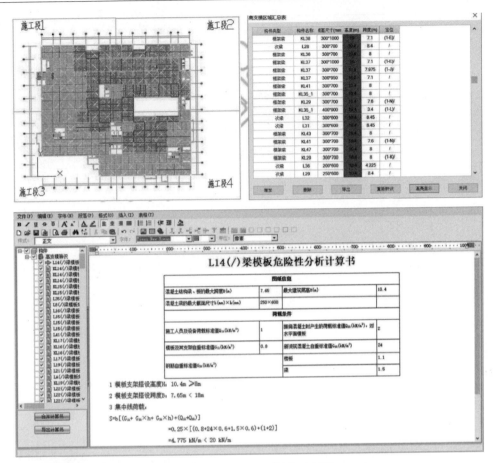

图 4-16　高支模识别操作示意图

施工段	剪力墙模板	柱模板	梁模板	板模板	周转损耗率%
□ 1层					
施工段1	配置	配置	配置	配置	0
施工段2	配置	配置	配置	配置	0
施工段3	配置	配置	配置	配置	0
施工段4	配置	配置	配置	配置	0
其它	配置	配置	配置	配置	
□ 2层					
施工段1	周转	周转	配置	配置	2
施工段2	周转	周转	配置	配置	2
施工段3	周转	周转	配置	配置	2
施工段4	周转	周转	配置	配置	2
其它	周转	周转	配置	配置	2
□ 3层					
施工段1	周转	周转	配置	配置	2
施工段2	周转	周转	配置	配置	2
施工段3	周转	周转	配置	配置	2
施工段4	周转	周转	配置	配置	2
其它	周转	周转	配置	配置	2

模板周转设置

确定　　　取消

图 4-17　周转设置操作示意图

支撑体系模型。

模板：确定好配模单元后，按一定的规则智能进行模板的拼接组合，在保证整板率最高的情况下，确定模板裁切方案，通过人工复核对不合理部位进行优化。

（5）辅助方案编制

序号	切割方案	模板编号	面积(m2)	块数	总面积(m2)	有效利用面积(m2)	废料面积(m2)	损耗率
873	1 2		1.674	1	1.674	1.551	0.123	7.4%
874	1 2		1.674	1	1.674	1.674	0	0%
875	1 2		1.674	5	8.372	1.671	0.003	0.2%
876	1 2		1.674	2	3.349	1.652	0.022	1.3%
877	1 2		1.674	2	3.349	1.645	0.029	1.7%
878	1 2		1.674	13	21.768	1.62	0.055	3.3%
879	1		1.674	1	1.674	1.572	0.102	6.1%
880	1		1.674	1	1.674	1.497	0.178	10.6%
881	1 1		1.674	2	3.349	1.628	0.046	2.8%

序号	部位	简图	模板编号	规格	面积(m2)	块数	总面积(m2)
1		1830 300	#1	1830*300	0.549	289	158.661
1.1	次梁				0.549	98	53.802
1.1.1	1层				0.549	98	53.802
1.1.1.1	其它				0.549	98	53.802
1.1.1.1.1	L8				0.549	6	3.294
1.1.1.1.1.1					0.549	3	1.647
1.1.1.1.1.2					0.549	3	1.647
1.1.1.1.2	L6				0.549	5	2.745
1.1.1.1.3	L37				0.549	3	1.647
1.2	框架梁				0.549	39	21.411
1.3	现浇平板				0.549	1	0.549
1.4	砼外墙				0.549	151	82.899
2		1408 300	#2	1408*300	0.422	8	3.379
3		300 380	#3	380*300	0.114	4	0.456
4		1830 200	#4	1830*200	0.366	350	128.1
5		1020 200	#5	1020*200	0.204	2	0.408

图 4-18　统计功能示意图

利用模型导出各层立杆排布图，针对各复杂标高区域导出剖面图对该区域立杆配杆进行详细说明。同时，针对典型构件导出计算书和模板大样图，辅助进行支撑架方案的编制及交底。

导出模板配置图，模板配置图中明确每个墙柱梁板构件的模板拼接方式并对各种规格模板进行编号（同一规格的模板编制一种编号）。

（6）材料统计

对扣件、主次龙骨、对拉螺栓、杆件按照不同规格进行统计。

导出配模切割列表，对各种模板的裁切方式进行详细的说明。导出模板统计表，详细说明各种尺寸的切割模板的编号、使用部位及数量（图 4-18）。

（7）成果输出

根据确认的模板支撑架布置方案，软件可直接生成方案书、计算书、平面布置图、剖面图、节点详图、加工详图等施工交底图纸，以及符合现场要求的各种规格的杆件、不同种类的扣件、主次龙骨和不同尺寸模板等材料统计表，减少工程管理人员工作量，提升管理效率。由于计算主次龙骨时为对接考虑，所以后期需根据现场实际的用料情况进行系数处理。

4.6　基于 BIM 技术的施工现场固体废弃物综合管控

目前，依托我国建筑垃圾减量化相关政策，针对建筑废弃物场外处置全过程进行的智慧监管信息系统已经开发完成，可对施工现场排放的建筑废弃物进行完整闭环及不同维度的监控，方便相关主管部门对建筑垃圾处置情况进行监管，为其科学管理提供决策依据，确保建筑废弃物消纳场的处置效率。

4.6.1　施工现场固体废弃物综合管控平台

前期调研发现，目前针对施工现场固体废弃物管控的数字化平台，仍以实现对场外排放的施工现场固体废弃物总量的精准控制为主，而针对排放前施工现场固体废弃物管理的信息系统研发尚处于起步阶段。部分施工现场数字化集成管控平台，虽然在一定程度上围绕施工现场绿色施工内容，在传统节能（节水、节电）、环保（降噪、除尘）模块的基础上，增设节材（损耗控制）模块，但并未就场内固体废弃物产生及处置的全过程闭环控制进行相应的系统研发优化。而且，主流的施工现场数字化管理平台开发厂商，受现阶段基础理论的限制，以及相关研发、应用人员施工固废减量化意识薄弱等影响，未对施工现场固体废弃物产生量及建筑材料实际发生量（节材模块）两者的管理数据流关联性进行研讨，这也直接导致施工现场固体废弃物的管控体系通常与业务系统管理体系割裂，因此，针对施工现场固体废弃物的数字化管控平台研发仍处于停滞不前的状态。

这里将以施工现场固体废弃物与建筑材料实际发生量的联动管理为核心，通过实时统计、精准控制两者的量变过程实现施工现场固体废弃物源头减量，即实现动态管控，提出施工现场固体废弃物闭环信息管理系统。

1）固废综合管理系统设计需求分析

针对固废流程数据收集困难、项目无法量化的现状，通过建立真正有效的管控平台，结合 BIM 可视化、参数化的特性，辅助现场人员进行固废统计。因此，结合固废管理流程，整合现有数据资源，建立一套基于 BIM 的固废综合管控平台，通过系统的运行，在施工现场固废管理过程中辅助工作人员决策，从而增强固废管理的流程化、可追溯性，进而提升固废管理效率。

结合固废管理内容及工程实际要求，针对多项目现状，形成面向施工建设的多项目固废管控平台。当前固废管理工作人员对于基于 BIM 的固废综合管控平台的使用需求如下：

基于 BIM 可视化、参数化特性，将施工现场的模型在平台上进行表达，并结合其设计参数，统计工程量；

针对项目现场变更业务，以流程化的审核机制，结合模型相关信息，将施工现场的变更记录在平台进行统一管理；

针对现场固废管理业务，针对不同施工部位（地下、主体、机电），按照固废的类别进行精细化统计；

应用 BP 神经网络算法，将采集到的固废量作为样板数据，结合项目类型、固废分类等关键性指标参数，通过权重判定来实现新建项目固废量预测；

基于现有的固废管控平台采集的工程量、固废量、变更量等业务数据，根据多种维度进行统计，为后续固废分析提供有力抓手。

2）系统总体架构设计

根据系统需求分析，基于 BIM 的固废综合管控平台主要包含以下子模块：多项目管理模块、BIM 数据中心模块、算量模块、固废模块、固废预测模块、固废统计模块，如图 4-19 所示。

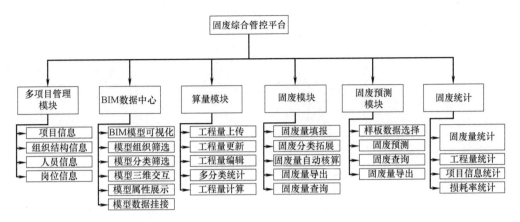

图 4-19　固废综合管控平台系统总体架构图

（1）多项目管理模块设计

该模块作为整个平台项目组织结构的基本配置模块，是系统多项目组织的基础数据。该模块针对施工项目的具体情况，将项目的基本信息与人员组织信息进行统一配置，便于项目人员快速应用。

（2）BIM 数据中心模块设计

作为 BIM 可视化、参数化的集中体现，将施工现场 1∶1 还原到平台上进行展示，并结合其设计参数，进行关键业务属性的查看。提供多维度筛选功能，可根据构件类别与模型组织形式进行筛选，并支持灵活挂接业务属性信息。

（3）算量模块设计

结合构件属性中一些关键业务属性数据，按照不同的构件类型进行构件工程量的统计与筛选。

（4）固废管理模块设计

将管控平台固废数据，按时间段、建筑分区进行录入，后台系统会根据所录入的数据进行统计及计算，以饼状图、柱状图、折线图形式，直观反映不同材料损耗量、损耗率等，以便根据固废数据分析，及时调整施工过程的管控手段及施工要求。该模块还可按照施工部位、施工时间将施工现场多种固废量进行集中统计，为固废预测模块提供基础数据支撑。

（5）固废预测模块设计

将固废模块中统计的固废量作为样板数据，应用 BP 神经网络算法，结合当前项目基本属性数据进行预测。

3）平台操作流程设计（图 4-20）

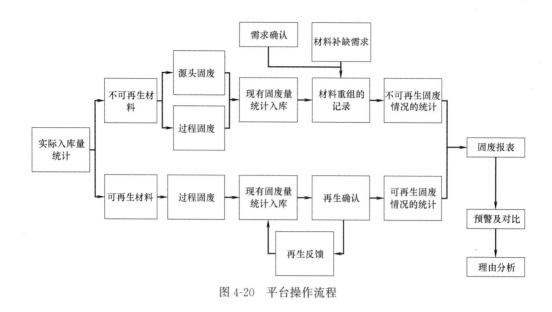

图 4-20　平台操作流程

实际入库量统计：通过现场称重实测实量等形式，对入库材料情况进行统计；

不可再生材料：机电管线、钢筋；

可再生材料：模板、砖石、混凝土、砂浆；

源头固废：经过深化设计及优化重组后依然存在的不可避免的余废材料；

过程固废：由于失误、变更等导致在施工过程中产生的不可预估的余废材料；

现有固废量统计入库：由施工员完成对现有工程量的统计并对数据情况进行平台上传；

材料补缺需求：由施工员对现场由于施工失误或其他问题导致的材料缺省，进行补短需求的提交；

材料补缺需求确认：由技术人员对问题进行审核，并流转商务部进行材料挪用的规划及确认；

材料重组的记录：由施工员完成材料补缺情况的总结及记录上传；

不可再生固废情况的统计：由服务器完成现有固废量、过程减少固废量的统计；

再生确认：流转商务部进行固废的规划及确认；

再生反馈：由商务部对无法或不准再生的情况进行反馈，直至形成可再生确认；

可再生固废情况的统计：由服务器完成现有固废量、过程减少固废量、再生资源量的统计；

固废报表：过程节约资源总量、可再生资源流向、不可再生资源分类；

预警及对比：与固废课题经验值进行对比，并对严重超标部分进行预警；

理由分析：由工程部技术部完成固废产生原因的分析，提出合理化建议并进行记录。

4）应用步骤

（1）操作权限设置

根据公司—分公司—项目的结构形式来组织项目列表页内容架构，即说明公司下面的所有项目，每个项目包含当前项目图片信息、平台账号数量、BIM 模型数量、项目资料的数量。可在每个分公司下新增项目，新增项目在项目列表架构上归属于该公司，创建人默认为该项目的项目管理员，如图 4-21 所示。

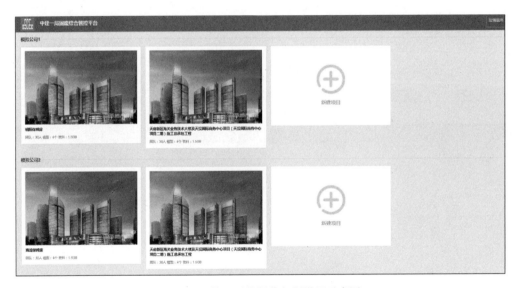

图 4-21　管理系统操作权限设置示意图

（2）项目参数设置

点击项目列表右边的加号新增项目。新增的项目按照系统后台既定的制式表格来填写项目的信息，包含工程名称总承包单位，开工日期，竣工日期，建筑面积、建筑类型（按建筑材料分），建筑内容（按照建筑材料划分），结构类型、装配式、基础类型、基坑支护、模板类型、支撑类别、木方、临时设施、装修交付标准，如图 4-22 所示。

图 4-22　管理系统项目参数设置示意图

（3）构件属性可视化浏览

在 BIM 模型模块，展示当前项目需要固废统计 BIM 模型，包含拼成该模型的全部视口模型，可以结合各部分视口模型列表与下面的构件树，进行勾选显隐操作，即能看到想要看到的部分，BIM 模型中所有构件都有与之对应的属性信息，如图 4-23 所示。

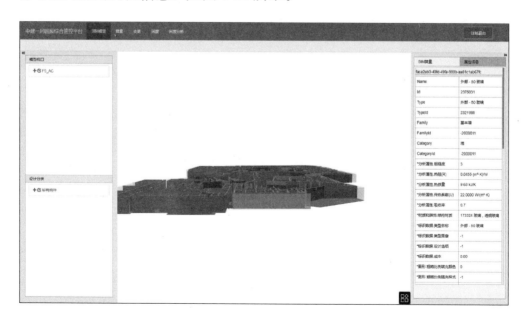

图 4-23　管理系统模型轻量化展示示意图

（4）模型构件量化统计

系统将 Revit 机电设备的分类进行构件工程量的统计；与国标 13 清单进行映射关联，建立好映射关系后，系统可根据映射关联，统计出该模型的清单工程量。另外系统也支持数据表单导入及手动输入两种算量数据输入方式，如图 4-24 所示。

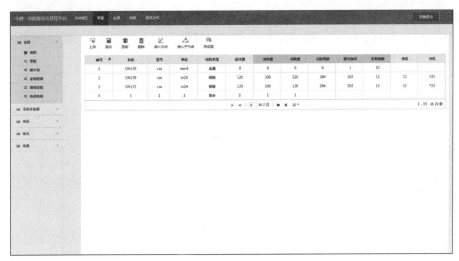

图 4-24　管理系统模型量化统计示意图

（5）材料量过程变化记录

安装过程中产生变更，可以在变更功能模块下，点击左侧菜单列表中新增变更，在弹出的窗口中输入变更内容。可在已有的变更列表中增加新的列项，输出新的变更内容，如图 4-25 所示。

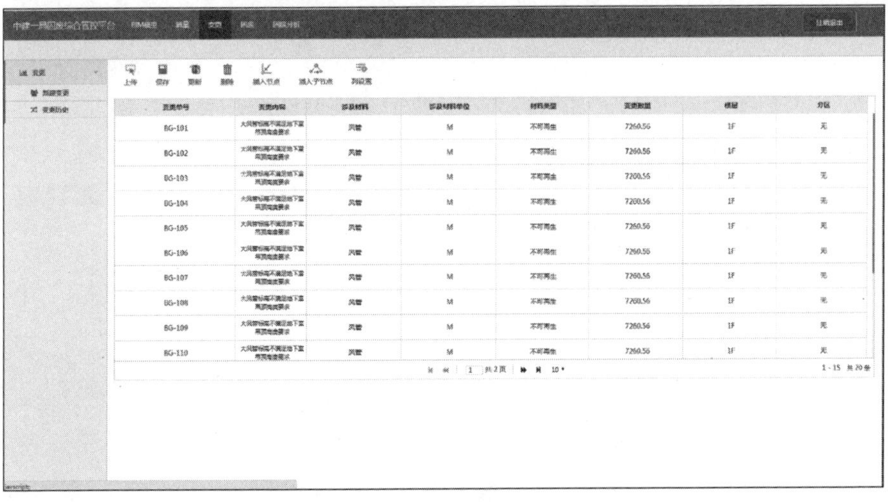

图 4-25　管理系统模型过程记录示意图

（6）辅助施工现场固废管控决策

将固废数据，按时间段、建筑分区进行录入后，后台系统会根据所录入的数据，进行统计及计算，以饼状图、柱状图、折线图形式，直观地反映不同材料损耗量、损耗率等，以便根据固废数据分析，及时调整施工过程的管控手段及施工要求，如图 4-26 所示。

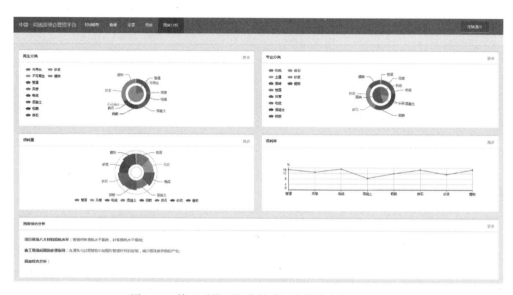

图 4-26　管理系统可视化辅助固废管控决策示意图

4.6.2　基于源头减量的设计施工数字集成管理机制

上文提到的施工现场固废管理平台，以材料及施工固废为对象，通过对材料发生过程、固废处置过程的数据实时统计及两者量变关系的动态分析，为材料投入量控制提供依据，间接影响并减少固废产生量。但仅依靠材料投入量的单一元素末端统计与管理，还无法实现施工现场固体废弃物精细化管理，只有通过多源信息集成管理，实现对人员行为、机具运行等参与元素的精准控制，才能真正意义上实现施工现场固废的精准控制与源头减量。

随着建设工程规模越来越大，施工技术和管理难度越来越高，传统建造过程中技术、进度、物料、质量、安全各条线分散管理的模式已经难以满足实际需求，经常导致信息不一致、沟通不及时等问题。数字建造集成管理技术作为一种有效解决分散式管理难题的技术手段，旨在通过应用信息平台、智能移动设备等技术实现建筑全过程信息收集，应用 BIM 模型进行信息集成和可视化展现，应用网络化的项目管理平台支持在线、协同的场地、进度、物料、质量、安全、资料管理。数字建造集成管理已经成为施工现场管理的发展趋势。

传统项目管理模式是离散型收集工程建设的数据信息，各专业与各环节都是相对独立的，相互之间沟通协调成本较高，难以实现数字模型的共享与传递。这种管理模式虽然能够在一定程度上实现项目参与各方的文件传输以及信息交流，但是不能从根本上实现项目参与各方的相互交流，更不能实现建设工程项目的协同管理，使得施工现场管理流于粗放。

基于项目协同管理的信息交互平台系统，通过集成工程项目全过程各流程中各专业的模型、图纸、文档等各种信息，通过数据的实时交互及反馈，实现项目管理的协同化，建立设计施工一体化现场集成管理的协同工作网络环境。

工程项目的信息交互平台建成后，系统可以在项目各阶段发挥作用。项目参与各方在施工准备阶段可以通过项目管理协同平台传递设计模型和设计方案，可降低深化设计的资源消耗；施工实施阶段利用项目管理协同平台共享工程进度、质量、安全方面的可视化资料，使建设单位、质量监管部门、设计单位、监理单位和施工单位实现协同工作；竣工验收阶段利用项目管理协同平台补充更新项目模型和构件信息等，辅助业主将项目管理协同平台转化为运维管理平台。项目管理协同平台通过管理建筑全生命周期的数据信息，实现高效率的信息交流和协同工作，从而提高工程项目的管理水平。图 4-27 为基于源头减量的设计施工数字集成机制框架。

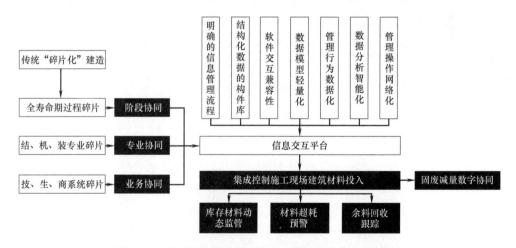

图 4-27　基于源头减量的设计施工数字集成管理机制框架

1）集成管理机制的数字化特征

确定的协同管理工作流程、明确规范的协同管理工作流程是平台搭建的关键。规范有效的工作流程可以让项目参建单位和相关人员登录平台实时查看流程执行情况，及时调整工作内容。

数据结构化是集成管理平台搭建的重要基础。采用面向对象的软件开发方法，结合关系数据库系统，构建具备合理组件属性的数字化模型，并支持灵活的多位集成任务。这些对象性的构件包含所有的几何、性能参数，通过特定的查询语句，可在集成完整的模型构件库中提取相应参数，并由特定的可视化形式进行数据表达。

兼具模型轻量化和平台兼容性，是搭建互联网环境下的协同平台的必要前提。轻量化模型仅保留了后续操作必要的产品结构和几何拓扑关系，模型信息和文件占用的空间会大量减少。平台的兼容性，是数据在数字化模型软件和平台间交互能力的表达，强大的兼容性即优秀的交互能力，是平台得以普及应用的前提。

可实现模型在线操作是平台搭建的最终表现方式之一。信息交互平台需要基于数字化模型实现文件管理、模型浏览、模型对比、模型碰撞分析、施工进度管理、施工方案管理和现场监控等功能，同时可以协调模型的修改、变更及审核，实现流程的平台化管理。

可实现平台运行智能化和数据化。平台在使用过程中产生了大量的数据流，有必要将这些数据流通过一定的逻辑规则保存到数据库或云平台中，通过在平台上对数据进行分析，可以将其用于其他类似工程，得到类似工程的工程量以及其他参考值。

2）管理信息交互机制

基于项目协同管理的信息交互平台提供了一个数据整合平台，改善了传统施工进程，工程各参与方通过协同平台对数字化模型及信息进行查阅和读取，不仅可以直观地看到设计成果以及相关错漏碰缺等问题，可以查看经过深化设计能够直接指导使用的最新建筑信息模型，还可以有效减少现场变更，从而加大对施工质量和进度的掌控力度及工程管理能力。

（1）快速上传文档文件，通过移动端和 PC 端上传相关文件资料和 BIM 数字模型等。

（2）便利浏览模型信息。多种模型信息浏览方式，可通过网页、客户端、体验仓方式进行浏览；支持多种数字终端，可通过计算机、笔记本、手机登录平台、查阅信息。

（3）同步获取变更内容。模型信息数据内容发生修改，项目其他参与人员可同步获取，及时更新。

（4）及时掌握现场动态。工程实时进展产生的各项数据在平台上同步展示，计划与实际进度可进行对比分析。

（5）高效管理深化设计。开发的接口将工具软件由单机操作升级为互联网协同操作，平台工作方式反映深化设计流程，提高工作效率。

（6）严控工作流程。工作流程标准化，构建适合数字化模型技术发展的工作方式和管理模式。

（7）竣工资料完整交付，形成数字三维竣工资料，为运维及后期改造提供数据支持。

通过以上架构的设计，平台交互模块可以将项目管理、协同工作和数据储存有效地联系到一起，形成数字建造业务架构。不仅可以同时实现多项目的协同管理、流程自定义、碰撞检查深化设计及模型变更修改审核，还可以实现数据结构化管理、项目多方协同工作。通过有效的沟通，合理避免或压缩项目进展过程中的不确定性数据流，间接促进施工现场固体废弃物源头减量。

3）辅助物料精细管理决策机制

辅助物料在施工现场进行精细化管理，其核心内容可表达为：基于BIM 轻量化模型，打通各方业务沟通壁垒，实现设计管理、施工管理、智慧工地管理等多方信息共享、业务协同、项目实时监管，提升设计、施工的协同效率；通过全过程跟踪、数据监控、信息共享，实现对工程进展全方位、多角度、全过程的数字管控。

基于 BIM 技术的施工现场材料精细化管理系统通过信息共享，方便施工管理人员实时掌握材料库存、材料计划等重要信息，避免因信息沟通问题产生不合理决策；通过实现业务流程上线，根据传统的施工管理业务流程，在 BIM 协同管理平台中设置对应的施工固废减量化管理的业务流程，并将线上和线下管理操作人员对应，提高施工现场固体废弃物管理的效率；通过管理流程的可追溯特性，确保精细化管理后的每一个施工现场固体废弃物管理环节责任到人，在提高各环节管理人员责任心的同时，也方便在出现问题时快速纠偏。其系统设计时可实现以下管理效能：

控制施工现场建筑材料投入。针对材料出入库环节不完善的情况，将规范的操作流程导入 BIM 协同管理平台，并在操作流程的各环节明确具体责任人，严格按照规范的流程进行材料的出入库管理，不仅可提高工作效率，而且可以避免传统收料过程中人为因素造成的误差，增强数据的准确性；同时，当材料出入库出现问题或发生错误时，可以快速在 BIM 协同管理平台数据库中查找出现问题的环节，及时、准确地做出响应。

库存材料动态监管。针对材料储存环节管理混乱的现状，BIM 协同管理平台根据材料所属批次、入库时间、存储位置等信息，监督库房存储材料的实时动态，联动材料出库信息；同时，根据库房存储材料中现场照片的情况，实时监督材料摆放是否整齐、规范，辅助项目管理人员实现远程管理，提高库房管理效率。

材料超耗预警。在 BIM 协同管理平台材料使用数量核算流程中，设置材料损耗率限制，根据理论用量与实际用量进行实际损耗率的自动分析，超过损耗率限值时进行预警推送。现场材料消耗理论数量来源于 BIM 模型中的工程量信息及设定的材料损耗率限值，材料消耗实际数量来源于材料领用出库和现场盘存数量，自动化预警机制可以及时发现材料超耗问题并分析原因，及时解决问题，将材料损失控制在最小范围内。

余料回收跟踪。针对现场余料回收存在的问题，在数字协同管理平台设置余料回收流程，将一个施工点的材料余料回收入库或转移到相邻施工点，一方面可以保证材料利用率，减少材料浪费，另一方面可以通过数字协同管理平台中的材料流转记录，完整记录每一批材料的具体流向，确保材料使用过程数据的完整性。

4.7 减量化技术工程应用

成都天投国际商务中心二期项目利用数字化建造技术，尤其是 BIM 技术构建资源优化配置模型，通过设计减量化，在深化设计阶段实现计划投入资源优化计划，并通过施工组织优化、永临结合、临时设施和周转材料重复利用等措施，减少施工现场固体废弃物的产生。

4.7.1 节材式设计应用

1）设计优化

本项目在进场前期，两栋超高层塔楼的结构形式尚未最终确定，设计院对于外框柱及楼盖形式均提出了多种方案。经业主单位授权，项目前期积极参与结构选型工作，从设计环节开始实施对固体废弃物的减量控制，通过设计选型和设计深化，选取最优的结构形式并实现施工管理前置化。

传统纯现浇钢筋混凝土构件在施工时，由于人、机、料及环境等多方面因素的影响，可能存在不可避免的材料浪费（如产生落地灰）、构件施工质量出现问题（如发生胀模）需要二次加工等现象，导致施工现场建筑垃圾产生量大、材料发生浪费。项目通过多方面对比，积极促进设计选取工厂预制化程度高、废弃物源头可控的结构形式。

通过结构指标、经济性等多方面指标对比，最终确定本工程结构形式为钢管混凝土柱-混凝土核心筒-钢梁与压型钢板组合楼盖，增大构件预制化程度。此方案外框钢结构各构件不需要设置模板及支撑体系，相比于常规结构形式节省了大量模板、木方、钢管等材料（图 4-28）。

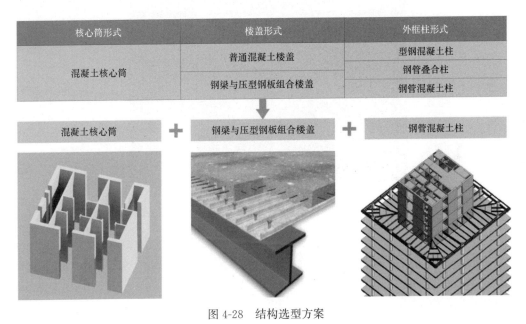

核心筒形式	楼盖形式	外框柱形式
混凝土核心筒	普通混凝土楼盖	型钢混凝土柱
		钢管叠合柱
	钢梁与压型钢板组合楼盖	钢管混凝土柱

| 混凝土核心筒 | + | 钢梁与压型钢板组合楼盖 | + | 钢管混凝土柱 |

图 4-28　结构选型方案

结构选型确定后，本工程两栋塔楼用钢量达 21949t。为进一步实现钢结构的源头减量化，采取了三项控制措施：

钢结构通过 X-STEEL 建模、展开放样、导入 Auto-CAD、数控排版、沿重合圆弧线切割钢板，将原始整板切割浪费边角余料改进为放样连续切割，有效减少废料，降低原材料损耗。

钢柱变径部位使用 X-STEEL 建模圆锥台，导出独立构件细部构件图，再展开平面放样得到制作下料的尺寸图纸，指导制作施工。

以上方法还可以用于指导本项目的钢柱变径、钢梁变截面、牛腿斜角、搭筋板等以及异形零件板的制作施工。

本工程选取钢管混凝土柱—混凝土核心筒—钢梁与压型钢板组合楼盖的结构形式方案，并对钢结构放样进行优化，显著减少材料浪费，经优化放样后切割异形零件材料损耗由 5.2% 降低至 2.8%，有效控制材料损耗率，减少固体废弃物的产生量（图 4-29）。

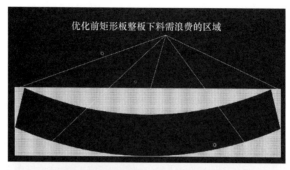

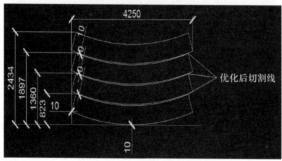

图 4-29　钢结构材料数控对比

2）设计深化

施工前形成直观的建筑模型，提前发现并解决问题，避免施工时的拆改。同时在深化过程中优化资源配置，最大限度避免资源的浪费和固体废弃物的产生。

机电专业方面，利用 BIM 软件进行管线综合排布，并将深化完成的模型交付设计与业主监理进行审核，将审核好的模型对业主进行可视化交底，分楼层分区域对其控高交底。对复杂节点以及突破控高要求处进行重点说明，并形成说明文件。最终将各方审核无误后的三维模型生成二维图纸，并交由设计单位审核形成施工蓝图，以此作为施工依据（图 4-30、图 4-31）。

施工图确认后，使用基于 Revit 的机电管件的加工组合优选插件，将正负许可误差与废料误差输入三维模型中。该插件根据施工流水段，快速、多维度（按系统、按区域）选定精细化切割内容；根据工艺要求、标准规范限定、材料定尺情况，通过参数设置，进行更匹配现场实际的基于项目特异性的定制化切割；针对切割余料，进行智能重组并优化已有切割方案，从源头减少机电管线废料（图 4-32）。

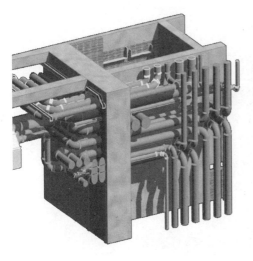

图 4-30 　管综深化　　　　　　　　图 4-31 　支吊架深化定位

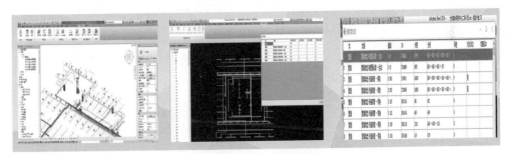

图 4-32 　机电管件精细化切割

设计深化措施的落实使本工程在施工资源高效利用和源头控制固体废弃物产生等方面取得了良好的效果。高深度模型的建立让本工程提前发现并解决了很多问题，工程开工三年来未出现因节点或控高等原因产生的变更，通过采用基于 Revit 的机电管件的加工组合优选插件，管道废料损耗率由传统设计施工中的 5％控制到了 1％以内，与传统切割方式相比，很好地达到了节约材料、减少固体废弃物产生、降低成本的目的。

4.7.2 　减废化工艺应用

工程进行了全面的施工组织优化，主要从高效配置施工资源、提升经济效益、控制施工废弃物的产生等方面进行优化。在现场加工厂配置、质量控制、施工材料机械工具选择等几个方面采取了相应的优化措施，采取的具体优化措施及实施效果如表 4-2。

工程优化项、优化措施及实例   表 4-2

优化项	优化措施	优化实例
混凝土用量控制	本项目采用智慧建造软件建立了混凝土、钢筋结构模型。每次混凝土浇筑前,依托计量模型分层或分流水段对混凝土和钢筋的工程量进行提取,在原有混凝土工程量基础上扣减钢筋所占体积得到混凝土净量。通过对工程部上报工程量、商务预算量、实际浇筑小票量的三量对比,保证精确提量以指导现场施工	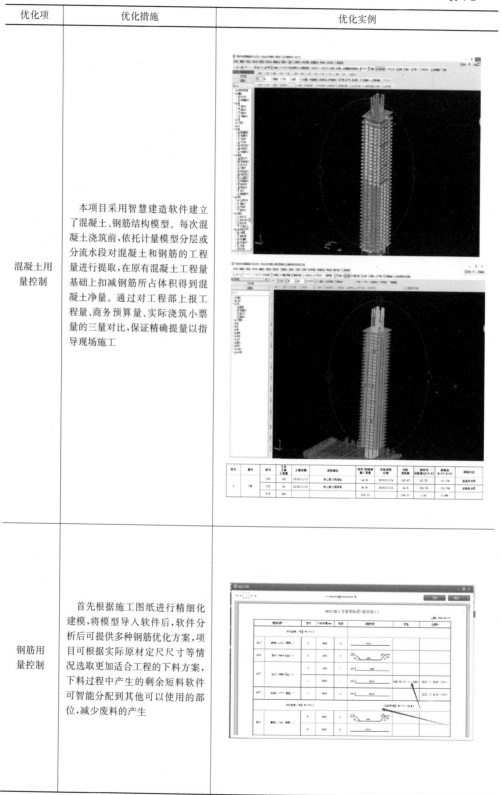
钢筋用量控制	首先根据施工图纸进行精细化建模,将模型导入软件后,软件分析后可提供多种钢筋优化方案,项目可根据实际原材定尺寸等情况选取更加适合工程的下料方案,下料过程中产生的剩余短料软件可智能分配到其他可以使用的部位,减少废料的产生	

续表

优化项	优化措施	优化实例
砌块用量控制	砌体施工在二次结构阶段产生大量碎砖、废砖。为了实现砌筑工程源头的节能减排,本项目在二次结构施工之前利用 BIM 三维软件进行深化设计。通过 BIM 软件建立砌筑模型后,软件自带的排砖功能可智能生成最优排砖方案,现场操作人员根据方案进行精准投料,合理切砖与排布,控制二次结构砌筑材料的损耗,减少废料的产生	
模架用量控制	本工程公园区域模板、木方及脚手架等周转材料控制采用基于 BIM 的模架优化软件进行提料与布置。该软件按照施工流水段,选择最优配模方案。以满足整板使用率最高、精细化切割等要求进行优化,完成模板加工的智能放样,直接生产配模图及模板切割图。按模板支撑的种类和施工工艺,提供多种支撑形式、支撑材料、参数、地区的选项,模板支撑施工设计与排布时,可以按工程实际情况进行选择,符合相关规范要求,按照施工流水段进行施工设计与自动排布,以切割量最少为依据选择最优方案	
钢筋施工	钢筋连接采用螺纹套筒连接技术,减少钢筋浪费	

优化项	优化措施	优化实例
混凝土构件施工	一次现浇结构采用清水混凝土技术,构件外观成型效果好,可减少墙体抹灰工序,节约材料用量	
钢筋集中加工	现场设置钢筋集中加工场,减少钢筋加工产生的建筑垃圾	
工厂化定制	本工程三栋单体外立面均为幕墙(玻璃幕墙、铝板幕墙以及石材幕墙),材料均在加工厂定尺加工完成后运输至场内直接安装,减少现场加工产生的固体废弃物	

优化项	优化措施	优化实例
措施选择	塔楼核心筒外侧采用液压爬模系统,减少大量非实体投入,进而减少材料损耗	
	核心筒一次浇筑构件均采用铝合金模板,损耗低,构件成型质量好,减少材料投入,且拆模完成后,所有配件均可重复使用,无施工废弃物产生	
	框架构件支撑体系采用轮扣式脚手架,构件种类单一,损耗小	
	框架柱加固采用成品可调节柱箍,构件成型质量好,减少损耗,减少材料投入	

续表

优化项	优化措施	优化实例
智慧工地应用	通过智慧工地系统协同管理平台,将数字工地、物料管理、质量安全管理、环境监测等内容集成,实现绿色施工、节能减排、精细化施工管理的目标	

　　本工程对以上几个方面施工组织优化措施的使用取得了良好的效果,共减少施工废弃物 3290t。其中钢筋的优化措施节约材料 602t,减少钢筋废料约 50%;混凝土损耗率降低至 0.6%,减少废料 1786t;铝模爬模的使用,提高了施工效率和结构成型质量,模板废弃物产生量减少 95t,实际损耗率仅为 6.3%,远低于行业 15% 左右的损耗率;废砖、碎砖等砌块类废弃物产生量减少了 267t,实际综合损耗率仅为 1.7%。

第5章　施工现场固体废弃物收集管理

5.1　施工现场固体废弃物水平与垂直运输技术

施工现场固体废弃物收集技术主要由楼层固体废弃物收集技术、废弃物竖向自由运输减速技术、设备减噪技术、不同废弃物运输至底部楼层自动分离及扬尘控制技术等组成，并通过集成融合，共同完成建筑工程施工不同阶段的固废高效收集任务。

5.1.1　楼层固体废弃物收集、清理扬尘控制技术

楼层施工产生的固体废弃物主要包括混凝土、碎砖块、包装材料、砂浆及装饰装修的破损材料、边角材料、返工形成的废料等，目前主要收集方式为人工收集，该方式效率低下，劳动力投入大，且建筑垃圾分类收集的程度不高，绝大部分是混合收集，增大了垃圾资源化、无害化处理的难度。

针对楼层固体废弃物传统收集方式，从两个方面提出优化升级思路，一是提高收集效率，二是分类收集。

1）收集效率

基于人工收集方式，提高收集效率的方向有两个：增加劳动力投入或者提高机械化程度、采用机械设备进行收集。如果采取增加劳动力的方式，虽然表面上提高了效率，但是也加大了资源的投入，每个人工的收集效率并未提高，没有从根本上解决问题。经过分析和讨论，研究小组计划采用提高机械化程度、利用机械设备进行收集的方式来提高楼层固体废弃物收集效率。

目前国内建筑工程楼层固体废弃物水平收集并未有使用机械设备的先例，但广场、校园、小区、道路等公共区域的垃圾清扫采用了机械化的工作模式，即使用驾驶式电动清扫车。电动清扫车不仅环保节能，而且清扫效率高，人力投入资源少。

建筑施工楼层固体废弃物种类繁多、尺寸较大，而且产生量也比较

大，超出了常规清扫车的清扫能力和内部垃圾箱容量，若采用型号较大、清扫能力及容量较大的清扫车，如何将设备运输至楼层进行作业是一大难题。施工现场垂直运输常用的机械设备主要有塔吊及施工电梯；若采用塔吊进行垂直运输，则需要配合满足大型清扫车的卸料平台进行运输；若采用施工电梯进行垂直运输，则施工电梯内部尺寸要满足清扫车的要求。上述两种做法无论在施工资源投入，还是在实施可行性方面都不理想。

针对上述问题，在小型驾驶式电动清扫车的基础上，本书提出一种"前推后吸"的新工作模式，在清扫车前端设置具有提升、下降的机械臂式推铲，将尺寸较大的混凝土块、木方、模板等固体废弃物往前推，尺寸较小固体废弃物则清扫收集至清扫车的垃圾箱内，这样不仅可解决传统清扫车无法满足建筑施工现场楼层固体废弃物的清扫问题，也可解决内部垃圾箱容量问题。

2）分类收集

针对楼层固体废弃物大部分采用混合收集、分类收集程度不高的情况，同样可以采用提高劳动力投入的方式，在收集过程中，由人工进行分类归堆，再分次运下楼层，但依旧存在劳动力资源投入大、分类效率低下等问题。所以研究小组从机械化程度出发，采用机械设备进行自动分离。

通过对施工固体废弃物分类的现状调查，自动机械化分类采用的设备在尺寸和重量上都有一定限制，采用塔吊、施工电梯进行垂直运输存在很大的弊端，需要投入大量的资源保障固体废弃物分类设备的运输。

根据建筑施工现场实际情况，结合固体废弃物分类设备均需进行投料这一动作的特点，提出采用分类设备与垂直运输设备相结合的方式，将固体废弃物自动分类设备设置在垂直运输管道末端，楼层固体废弃物收集完成进行楼层投放时，经过垂直运输减速设备竖向运输及末端分类设备的自动分类，进行一定程度的固体废弃物分类。

5.1.2 废弃物竖向运输技术及减速、设备减噪技术

建筑工程施工现场楼层固体废弃物的运输主要包括塔吊、施工电梯、垂直运输减速设备等方式。随着行业的发展和绿色施工的需要，采用垂直运输减速设备进行楼层固体废弃物的运输已经成为一种趋势。但随着楼层的逐渐增高，固体废弃物运输过程中的速度、冲击越来越大，与管道碰撞产生的噪声也随之增大，常规垂直运输减速设备已无法满足高层或超高层建筑施工楼层固体废弃物垂直运输的要求。为此，从垂直运输减速设备的

角度出发，提出固体废弃物竖向运输过程中的减速、减噪技术。

1）减速技术

固体废弃物在竖向自由运输过程中，会随着下落的高度逐渐增大下落速度，降低速度需借助外力作用，最直接的方式就是碰撞。因下落速度较大的固体废弃物重量也同样较大，加上固体废弃物大部分硬度也较大，所以借助外力进行碰撞的物体必须具备"以弱克刚"的性能，一方面要降低碰撞产生的噪声，另一方面要具有足够的强度和耐久性，满足长时间、大量固体废弃物碰撞降速需求。

本书提出采用橡胶垫作为固体废弃物碰撞降速的材料。橡胶垫重量轻、耐磨性强、弹性好，通过分段设置，可以起到分段降速、降低固体废弃物冲击、减少噪声的作用。

结合施工实际情况，竖向自由运输减速技术通过分段设置缓冲装置实现，缓冲装置为 Z 字形直角方通弯头，内部设置一定厚度的橡胶垫。楼层固体废弃物在竖向运输过程中，通过分阶段的缓冲，确保最大下降速度保持在一定范围内，达到减速的目的。

2）减噪技术

楼层固体废弃物运输过程中，噪声主要是由固体废弃物与设备碰撞产生，相互碰撞物体的材质及相对速度是决定噪声大小的关键因素。相对速度已通过上述的减速技术达到要求，垂直运输减速设备的材料材质应考虑碰撞的噪声和强度性能。

高密度聚乙烯（HDPE）双壁波纹管，是一种具有环状结构外壁和平滑内壁的新型管材，20 世纪 80 年代初在德国首先研制成功。经过多年的发展和完善，已经由单一的品种发展到完整的产品系列，目前在生产工艺和使用技术上已经十分成熟，产品规格多样，具有抗压能力强、抗冲击性能高、耐磨性能好、化学稳定性佳、使用寿命长、重量轻、成本低、施工方便等多种特点。鉴于高密度聚乙烯（HDPE）双壁波纹管的优异性能，垂直运输减速设备除楼层投料口及缓冲装置外，均采用双壁波纹管。

竖向自由运输减速技术及减噪技术相辅相成，减噪技术通过降低固体废弃物的下落速度及改善垂直运输减速设备材料材质的方式实现，竖向运输通道示意图如图 5-1 所示。

5.1.3　底部自动分离技术

固体废弃物自动分离技术是通过垂直运输减速设备末端自动分离设备

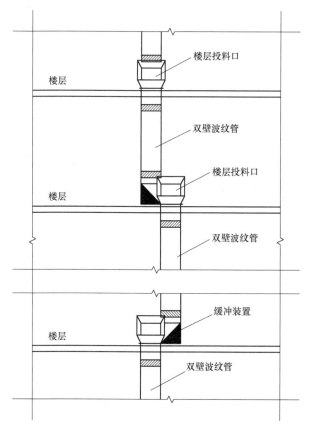

图 5-1　垂直竖向运输通道

实现，在楼层投料后，经竖向运输及末端设备自动完成分类。

固体废弃物的种类多样，可按来源（不同施工阶段）、粒径尺寸、成分、可回收再生利用性等划分。为保证固体废弃物分类的效果，需明确分类的方向，主要包括以下几个方面：

1）楼层固体废弃物来源划分包括主体施工阶段及装饰装修施工阶段。主体结构施工阶段固体废弃物主要包括废砂石、废砂浆、废混凝土、废碎木材和模板、废金属、破碎砌块等，而装饰装修施工阶段固体废弃物包括装饰弃料、废装饰装修材料、废弃包装等，相对于主体结构固体废弃物，具有成分复杂、有害物质多、污染性较强等特点。

考虑到建筑工程不同施工阶段穿插施工的特性，主体结构先行施工，在塔楼主体结构施工至一定高度后，方可进行装饰装修的施工，虽然两个施工阶段在时间上可能存在同步施工的情况，但是工作面却不在一个平面上。这样在楼层固体废弃物收集过程中便具备了分类条件，可通过末端分类设备设置2个出口，结合不同施工阶段进行楼层固体废弃物投放时间控制，达到最终按主体结构施工阶段、装饰装修施工阶段进行分类的目的。

针对以上需求，提出了一种自动挡板装置。自动挡板装置包括通过电机驱动器与控制器相连的转角电机，转角电机的驱动轴与转动轴的一端固定连接，转动轴的另一端通过转动轴承组件转动设置在轴座上，转动轴上固定设置有用于分离主体结构固体废弃物出口和装饰装修固体废弃物出口的转动挡板，控制器连接有用于控制转角电机正转时间和反转时间的定时器。通过定时器的定时间隔控制转角电机转动，在特定时段打开其中一个通道口（分左右），关闭另一个通道口，以达到分离土建施工阶段建筑垃圾和装饰装修施工阶段建筑垃圾的功能。

2）按固体废弃物可回收再生利用性划分，包括无机非金属类、有机类、金属类等，其中金属类固体废弃物回收利用价值较高，研究小组针对金属类及非金属类固体废弃物进行分类。

考虑到金属类与非金属类固体废弃物的特性，前者可被磁铁吸引，后者无法被磁铁吸引，故可在设备中设置磁铁用于吸引通过分类装置的金属类固体废弃物。但如果磁铁装置一直具有磁性，则无法将吸附在磁铁上的金属类固体废弃物分离，所以应采用可通过开关控制磁性的磁铁装置。

针对以上需求，提出了一种电磁铁装置，可以通过通电、断电控制电磁铁的磁性。在固体废弃物通过电磁铁区域时，吸附金属类固体废弃物；为保证不阻挡其余固体废弃通过，设置内凹区域以便容纳吸附的金属类固体废弃物。在其他固体废弃物收集完成后，将电磁铁断电，金属类固体废弃物在重力的作用下进入相关收集车内。

3）固体废弃物按粒径尺寸划分，尺寸规格众多，难以分类，但只针对主体结构施工阶段产生的固体废弃物进行粒径分类具有一定的可操作性。在按楼层固体废弃物来源划分的方向已经实现主体结构施工阶段与装饰装修施工阶段固体废弃物的分离——通过 2 个出口进行分离，此时在主体结构固体废弃物出口处设置粒径分离通道，即可按不同粒径对固体废弃物进行分离。

针对以上需求，提出了一种粒径分离通道，粒径分离通道设置有三种规格的钢筋滤网，将固体废弃物按粒径进行分离，同时在钢筋滤网上套 PVC 管，以减少固体废弃物分离过程中的阻力。

4）上述从三个方面提供了固体废弃物在不同施工阶段、金属类和不同粒径等方面分类的技术。但固体废弃物进入末端分类装置时仍具有一定的速度和冲击，为保证固体废弃物能顺利分类，在分类装置前端设置缓冲装置，原理同垂直运输减速设备的缓冲装置，通过转弯方形运输通道结合橡胶垫缓冲垫块，降低固体废弃物下落速度。

一种智能化固体废弃物分类装置，见图 5-2，经垂直通道运输的固体废弃物通过末端缓冲装置再次降速进入分离装置。先由电磁铁装置将固体废弃物中的金属废弃物分离，再由自动挡板装置控制固体废弃物进入粒径分离通道或者直接进入移动收集车。自动挡板由电机通过定时开关自动控制，结合项目固体废弃物管理制度，要求现场主体结构及装饰装修施工产生的固体废弃物分时间段投放，主体结构施工产生的固体废弃物进入粒径分离通道，装饰装修施工产生的固体废弃物直接进入移动收集车，实现不同施工阶段固体废弃物分离。进入粒径分离通道的固体废弃物通过不同网口直径的钢筋滤网，按不同粒径进入移动收集车内，达到按粒径分离固体废弃物的目的。

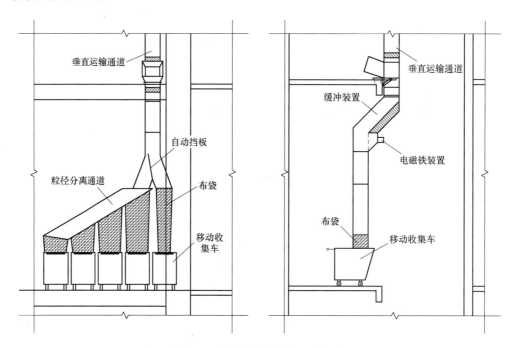

图 5-2　末端自动分离装置示意图

5.1.4　扬尘控制技术

扬尘主要是在固体废弃物收集及竖向运输、分类过程中，由固体废弃物中的粉尘颗粒物飞扬引起的。针对此过程，主要通过以下几个方面进行控制：

1）楼层固体废弃物水平收集

楼层固体废弃物水平收集采用改装后的驾驶式电动清扫车，清扫粒径较小的固体废弃物时，采用"后吸"的工作模式，通过风机在车身内部产生负压，将固体废弃物吸入垃圾箱中，能有效抑制粉尘颗粒物飞扬的情况，达到控制扬尘的目的。

2）垂直运输减速设备

垂直运输减速设备由双壁波纹管、楼层投料口及缓冲装置组成，各构件之间采用套接的方式，确保连接密闭性，同时楼层投料口设置活动挡板，固定在投料口上端，投料时将活动挡板往内推动，停止投料时，挡板靠自重恢复至原位，防止大部分扬尘从投料口溢出。

3）末端自动分离装置

末端分类装置各构件采用焊接紧密连接，确保密闭性，在固体废弃物出料口位置通过纺织布袋与移动收集车连接在一起，避免扬尘溢出。

5.2　施工现场固体废弃物自动、高效收集设备

在施工现场固体废弃物水平与垂直运输技术的基础上，正奇未来城工程项目 A 座塔楼进行了驾驶式电动清扫车、减速、减噪垂直运输减速设备及末端自动分离设备的应用。

5.2.1　驾驶式电动清扫车

楼层固体废弃物收集技术是基于一种新型驾驶式电动清扫车实现的。驾驶式电动清扫车是对传统小型清扫车（图 5-3）进行改进，在清扫车前端设置具有提升、下降的机械臂式推铲，将尺寸较大的混凝土块、木方、模板等固体废弃物往前推，尺寸较小固体废弃物则清扫收集至清扫车的垃圾箱内（图 5-4）。

采用的清扫车型号为宝狮洁 SC—B50S，详细参数见表 5-1，重量及尺寸均满足现场施工电梯运输要求，并将前端可伸缩机械臂改装成推铲。

清扫车产品参数　　　　　　　　　　　　表 5-1

序号	项目	参数	备注
1	清扫宽度	1700mm	
2	主刷宽度	700mm	
3	边刷尺寸	2×500mm	
4	边刷功率	100W	
5	滚刷功率	700W	

序号	项目	参数	备注
6	行走电机	1500W	
7	水箱垃圾箱	100/220L	
8	电瓶容量	36V/100Ah	
9	工作时间	4～6h	
10	清扫效率	9000～10000m² /h	
11	机器重量	480kg	
12	机器尺寸	1200×1700×2100mm	

图 5-3　改装前驾驶式小型清扫车

图 5-4　改装后驾驶式小型清扫车

5.2.2　垂直运输减速、减噪设备

根据上述废弃物竖向自由运输减速减噪技术，采用一种建筑垃圾竖向

垂直运输减速设备进行固体废弃物运输，其构件主要包括竖向连接管道、楼层投料口、缓冲装置、加固三角撑等，其设计应满足以下原则：

强度条件：材料需满足超高层建筑垃圾冲击力对其强度的要求；

安拆便捷：建筑垃圾竖向运输通道连接应方便安装及拆卸；

降低噪声：通道缓冲装置的材料可以起到降低噪声的作用；

便于维护：通道缓冲装置应有防堵塞措施，避免运输通道发生堵塞；

便于周转：通道应采用标准化模块，更换方便且不影响其他部件；

经济实用：选型应兼顾经济性和实用性。

1）垂直运输减速设备的结构组成

竖向运输通道采用管道与投料口或缓冲段分开制作、装配安装的方式。运输通道常采用钢制或者聚乙烯波纹管材料，为解决高层建筑运输所存在的问题，初步设计三种形式的缓冲装置，如图 5-5 所示：一是管道采用倾斜15°或者30°圆形钢制品，投料口与缓冲段相结合采用三叉圆形钢制弯头，利用管道自身作用减少建筑垃圾对管道的冲击力；二是采用钢制垂直运输减速设备，由若干相互平行设置且相错连通的运输管组成，运输管连接通道内设斜向下垫块组件，起到缓冲作用；三是选用波纹管制作垂直运输管道，若采用与运输管道内径相同的 45°或 90°圆形钢管弯头设置成缓冲装置，可减少对弯头部位的冲击，并便于和运输通道连接，但会导致内部净空过小，易造成堵塞，因此缓冲装置采用钢板焊制成方形弯头通道，内设橡皮垫减少废弃物的冲击力。

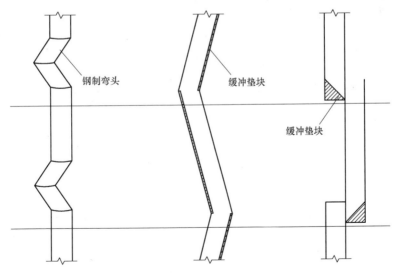

图 5-5　缓冲装置的三种形式

方案一和方案二采用钢制品制作运输管道，其自重大、安装困难，管道加固成本高，且存在较大安全隐患；而方案三竖向管道采用波纹管、节点位置采用内设橡皮垫的钢制方形弯头，不仅可起到缓冲作用，又具有易于安装拆除、施工安全、节省成本、提高安装效率等特点，经济性、安全性、实用性都更符合实际需求。

2）垂直运输减速设备构件标准化

项目对上述方案三进行深化设计和细化处理：综合考虑高度、缓冲装置安装及成本因素，建筑垃圾竖向运输通道采用内径 500mm 的高密度聚乙烯双壁波纹管制作，每层设置与管道内径相同的钢制投料口，并在每 6 层处设置缓冲装置，每段建筑垃圾运输缓冲间距约为 25m，如图 5-1 所示。

缓冲装置采用 3mm 厚钢板焊制成方形弯头通道，方便缓冲橡皮垫的固定，且在橡皮垫固定后，确保缓冲装置供建筑垃圾通过的净空不小于 450mm，相对圆形钢管弯头增大了投料尺寸。采用缓冲装置与楼层垃圾投料口相结合的方式进行设置，如图 5-6、图 5-7 所示，以便在缓冲装置堵塞时，可以通过楼层垃圾投料口进行清理。

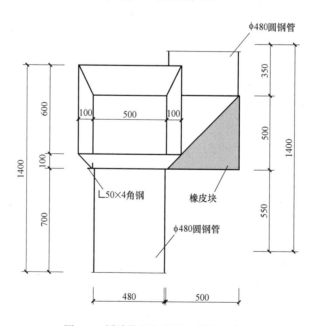

图 5-6　缓冲装置与投料口结合示意图 1

为便于设备安拆，将垂直运输减速设备构件尺寸标准化设计，示范工程塔楼标准层层高 4.2m，将竖向连接管道长度尺寸设计为 3.0m，投料口及缓冲装置高度尺寸设计为 1.5m，为方便与建筑垃圾竖向运输通道的连接，在缓冲装置上部和下部通过焊接设置直径 480mm 的圆形钢管，通过套接的方式与运输通道进行连接，套接长度不小于 150mm，满足示范工程层高使用要求，同时也能通过调整竖向连接管道长度来适应更多的层高类型，提高设备的标准化及周转率。

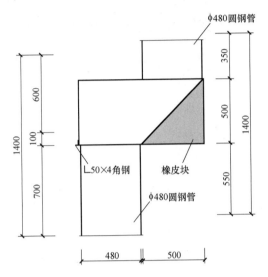

图 5-7　缓冲装置与投料口结合示意图 2

由于其整体重量较大且需承受建筑垃圾的冲击力，在缓冲装置下部设置 50mm×50mm×4mm 方通及 L50mm×4mm 角钢制作的三角刚性支撑，井道结构梁上设置 12 个 M12 膨胀螺栓，三角刚性支撑与膨胀螺栓焊接连接，如图 5-8、图 5-9 所示，以保证运输通道整体稳定性。

建筑垃圾竖向运输通道及缓冲装置设在核心筒电梯井内，根据施工进

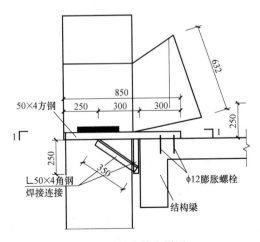

图 5-8　刚性支撑大样图 1

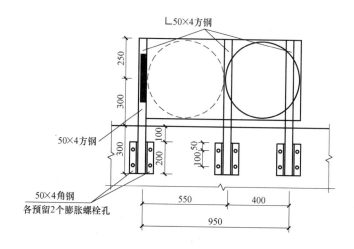

图 5-9　刚性支撑大样图 2

度利用电梯井脚手架安装。考虑缓冲装置及楼层垃圾投料口的重量（约70kg），人工配合安装，装置与刚性支撑焊接固定。缓冲装置及楼层垃圾投料口安装完成后，将双壁波纹管直接套接在缓冲装置上部的圆形钢管上，建筑垃圾竖向运输通道自下而上安装。

5.2.3　末端自动分离设备

根据上述不同废弃物自动分类技术，采用智能化固体废弃物分类装置进行固体废弃物的分离。该设备包含缓冲装置、电磁铁装置、自动挡板装置、粒径分离通道、防尘布袋及移动收集车。

1）缓冲装置

缓冲装置包括直三角通道和橡皮垫。直三角通道上部的延出端与运输通道或楼层垃圾口的下部连接，直三角通道下部的延出端分别与建筑垃圾运输通道和装修垃圾运输通道连接，直三角通道内的直角处设有橡皮垫。

2）电磁铁装置

缓冲装置通道下部的延出端侧部设有内凹区域，内凹区域位于直三角通道直角处的下方，内凹区域内设有电磁铁，电磁铁与控制器相连接。

3）自动挡板装置

自动挡板装置包括转角电机、电动挡板和控制器，控制器连接电机驱动器，电机驱动器连接转角电机，控制器上设有定时器，转角电机的驱动轴与转动轴的一端固定连接，转动轴的另一端通过转动轴承组件转动设置在轴座上，轴座固定在建筑垃圾运输通道和装修垃圾运输通道连接处，转动轴上固定设有用于分离建筑垃圾和装修垃圾的电动挡板。转角电机、控制器、电机驱动器和定时器均设置在建筑垃圾运输通道和装修垃圾运输通道的外部。

4）粒径分离通道

粒径分离通道设置为倾斜向上，粒径分离通道包括方通和钢筋滤网，方通底部从上到下依次连接的钢筋滤网孔径逐渐变大，钢筋滤网上外包PVC 套管。

5）防尘布袋

钢筋滤网和装修垃圾运输通道底部均设有防尘布袋，防尘布袋设置在移动垃圾收集车内，抑制扬尘。

6）移动收集车

移动收集车采用 3mm 厚钢板焊接制作，下设万向轮方便人工进行移动，便于进行分离完成的固体废弃物的运输。

5.3　施工现场固体废弃物管理体系

建立完善的管理组织体系是实现施工现场固体废弃物管理的基础，在工程项目建设过程中固体废弃物管理则要求进行全组织的管理，即明确各个参与方的责任，相互配合，进行协同管理，并设置一个专门的固体废弃物管理小组，通过项目参与各方的不断努力，实现管理目标。

5.3.1　政府部门

传统施工项目中，地方政府部门缺少对固体废弃物的管理，甚至可以说并不关注固体废弃物。然而，全组织固体废弃物管理要求政府部门一方面从宏观上把握，另一方面从微观上着手，具体内容见图 5-10。固体废弃物管理的实施，需要建设一定的公共资源并制定一系列的法律法规和政策，这些工作都需要政府承担完成。而且由于环境资源的外部性特征，只有通过政府的主动发起，通过激励机制的建设，才能督促各相关主体具有实施固体废弃物管理的动力。

5.3.2　业主方

在工程建设项目中，业主方作为常说的甲方，通常情况下是项目的出资方、投资者，总体来说它处于主导或者有利地位。传统施工中由于业主

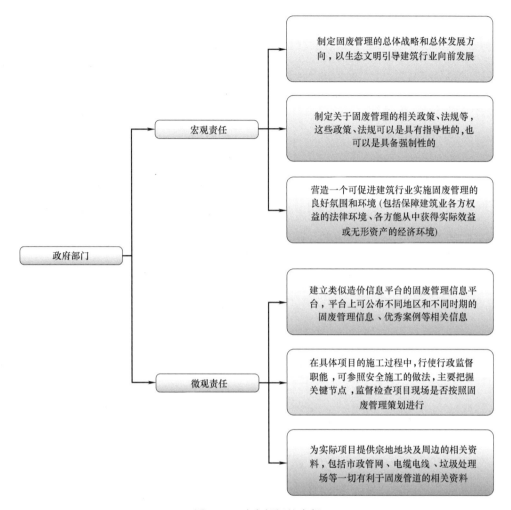

图 5-10　政府部门的责任

方并没有固体废弃物管理的意识或者是要求施工单位进行固体废弃物管理的动力，这很大程度影响到施工单位是否实施固体废弃物管理。全组织固体废弃物管理要求业主方：在项目前期，发挥其对项目进行总体把握的自主能动性，不仅要慎重选择项目地址，而且应主动提出关于建筑功能、绿色施工要求等条件，这些要求是设计方、施工方或监理方等其他各方必须满足或者达标的；在招标时，明晰对于固体废弃物管理的相关事宜，如在措施项目费用中单列一项固体废弃物管理费作为固体废弃物管理的专项资金，并在与其他参与方（尤其是施工方）签订合同时，将对于固体废弃物管理的要求以合同条款的形式反映在双方的合同中。如此一来，乙方会响应合同要求，否则无法承揽该项目。

值得强调的是，在实际施工管理中，业主方固体废弃物管理意识和固体废弃物管理能力的高低至关重要。如果业主方固体废弃物管理意识高，就会强调项目的固体废弃物管理，相应就会对此提出比较高的要求。如果业主方自身的固体废弃物管理意识薄弱甚至缺乏，那么就不会关注施工的固体废弃物管理，更不用说其他各方——他们出于对自身利益的考虑，更加不会注重固体废弃物管理，更谈不上积极地进行固体废弃物管理。由此看来，业主方从总体上把控项目管理的大方向，其对固体废弃物管理的支持直接或间接地影响着其他各方（尤其是施工方）的行为。所以为了保证固体废弃物管理的实现，业主方自身应当具备固体废弃物管理意识和固体废弃物管理的能力，并且采取具体的措施（包括组织措施、经济措施、技术措施、合同措施等）来保证项目固体废弃物管理的实施（图 5-11）。

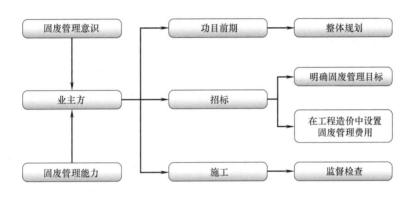

图 5-11　业主方固体废弃物管理

5.3.3　设计方

一般来说，传统项目中设计方与施工没有过多联系，更加不会参与施工管理工作。通常，设计方根据业主方的建设意图、项目的建设条件以及相关法律法规或地方条例等，综合设计并优化建设项目的技术经济方案，从而编制出设计文件来指导施工。但是，全组织固体废弃物管理要求设计方参与固体废弃物管理活动。在设计时，重视设计文件的完善程度、方案的可建性（可施工性）、主要材料的选择、所参考的规范或标准等因素，尤其需考虑对于固体废弃物管理的可行性和便利性，以便于固体废弃物管理工作的顺利开展。在设计交底过程中，通过足够充分而又细致的介绍来让施工方理解其设计意图；在实际施工中，与施工方充分沟通，从其专业角度为施工方的固体废弃物管理出谋划策。从而不但为全面固体废弃物管理工作的顺利进行提供便利条件，而且参与固体废弃物管理，有助于提高固体废弃物管理的水平。

5.3.4 监理方

监理方是处于甲方、乙方之外的第三方，一般得到业主的委托，按照相关法律法规、工程文件、有关合同与技术资料，对工程项目的设计、施工等活动进行管理和监督。通常情况下，监理方应编制细致的监理规划，根据法律法规在工程项目中进行旁站监督、巡视以及资料审查，同时利用监理工作联系单、监理通知等办法进行沟通管理。但是目前存在的问题是，监理方基本上只把管理重点放在质量和进度上。

鉴于监理的作用巨大，全组织固体废弃物管理要求监理方：在设计阶段，监理方利用其自身的经验，协助设计方进行设计的优化，审核设计方案能否满足法律法规、财务状况、环保等各项条件，并提出宝贵意见，从而为固体废弃物管理打下坚实基础以及提供基本条件；在招投标阶段，监理方辅助业主，将固体废弃物管理的有关要求列入招标文件中，同时，建议业主加大评标办法中对于固体废弃物管理相关要求的权重，以便挑选出固体废弃物管理综合实力强的施工方；在施工阶段，监理方协调施工方与分包商的关系，督促其实施固体废弃物管理，尤其是在固体废弃物减量化、收集方面进行重点监督和管理；在竣工阶段，监理方结合项目的管理资料以及工程效果，完成对项目的固体废弃物管理情况的综合评价或者辅助业主完成综合评价，促进固体废弃物管理的发展，同时积累经验。总之，监理方在建设项目管理中不可搞形式主义、厚此薄彼，而应细化固体废弃物管理的监督管理，将其分解到具体工作中去，这样可充分发挥其督促、管理以及评价的作用。

5.3.5 材料、设备供应方和废弃物回收方

在整个建筑供应链上，材料、设备供应方以及废弃物回收方是两个重要的组成部分。传统施工过程中，施工方往往是在需要采购时临时联系附近的供应方，在产生较多废弃物时便安排车辆清倒垃圾。而全组织固体废弃物管理要求在建筑供应链上的供应方、废弃物回收方参与固体废弃物管理工作，形成一个统一的整体来实施固体废弃物管理。

由于建筑材料、建筑设备等要素的参数、指标、质量、价格等直接关系到工程项目的进度、质量、成本，所以材料供应方、设备供应方应在固体废弃物管理活动中发挥其作用：一是利用自身的软件优势主动协助业主、设计方、施工方等完成对材料和设备的评估，并提出专业的意见和建议，因为它相对于其他各方来说更为熟悉和了解环保节能的建筑材料与设

备；二是利用自身的硬件优势（如采购渠道、物流渠道）为施工过程提供全程的固体废弃物管理咨询和服务。项目实施过程中往往会产生各种各样的废弃物，比如材料包装、残次品、损毁品、边角料等，一旦加入处于建筑供应链下游的废弃物回收方，它便可以对废弃物进行分类，统一回收，再采用现有的先进技术使得建筑垃圾资源化，变废为宝，随着技术的进步，建筑垃圾的循环利用率也会越来越高。

总之，建筑供应链上各参与方参与固体废弃物管理，有利于实现循环经济，做到减量化、再使用与再循环，最大限度地减少废弃物的排放（图 5-12）。

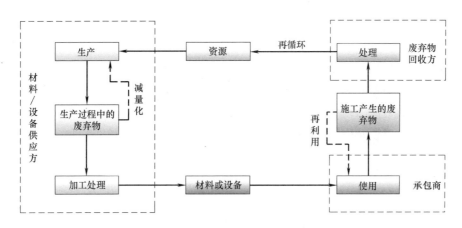

图 5-12　材料、设备供应方和废弃物回收方在固体废弃物管理中的责任

5.3.6　施工方

施工方作为乙方，是建设项目施工过程中的主要参与者，也是负责施工管理的主体，项目从业主方的建设意图、设计方的设计方案转变成具体的工程实体都得益于其工作。在施工管理中，全组织固体废弃物管理要求作为施工管理主要实施者的施工方，要具备并不断提高自身的固体废弃物管理能力，并对新技术、新工艺和新材料加大研发以及应用。因为其管理能力、技术水平等综合实力的大小直接决定了建设项目的固体废弃物管理水平与最终效果。如固体废弃物管理策划的编制与执行就能体现出施工方的实力，这不仅体现在施工方的方案编制得合理与全面与否，固体废弃物管理策划的考虑是否得当、周到，进而会影响后续固体废弃物管理工作的开展情况，而且体现在关于固体废弃物管理策划的执行效果上。一个管理能力强的施工方能够将整个固体废弃物管理过程安排得井然有序，做到施工过程的真正绿色。

5.4 施工现场固体废弃物管理策划

固体废弃物管理是建立在充分计划基础上的生产活动，全面而深入的计划是固体废弃物管理能否得到有效贯彻的关键，但是如果将固体废弃物管理作为一项重大工作内容独立开展则会增加企业和项目的管理成本。因此将固体废弃物管理的规划融入工程项目施工整体规划体系既可以保障固体废弃物管理有效实施，也能很好地保持项目计划体系的统一性。

5.4.1 施工图纸会审

施工开工前应组织施工图纸会审，也可在设计图纸会审中增加绿色施工部分，从固体废弃物管理源头减量化的角度，结合工程实际，在不影响质量、安全、进度等基本要求的前提下，对设计进行优化，并保留相关记录。

现阶段固体废弃物管理处于发展阶段，工程的图纸会审应该有公司一级管理技术人员参加，在充分了解工程基本情况后，结合建设地点、环境、条件等因素提出合理性设计变更申请，经相关各方同意会签后，由项目部具体实施。

5.4.2 施工方案

固体废弃物管理策划具体体现为糅合绿色施工的施工方案编制。固体废弃物管理的工作主要由施工单位承担，因此在施工单位投标报价的技术方案和经济方案中就要体现出固体废弃物管理的内容，初步规划出固体废弃物管理策划方案，并计算其相应的造价。施工活动是一种技术经济活动，只有在技术、经济两个方面都做好固体废弃物管理的规划工作，固体废弃物管理的贯彻才有保障。在建设项目管理大纲和施工组织设计等关键技术经济管理环节中，都要将固体废弃物管理作为一项重要内容进行策划。

施工方案在固体废弃物管理方面应突出以下主要内容：①明确项目所要达到的固体废弃物管理具体目标，并将目标量化表达，如材料的节约比例、能耗降低比例等。②在工程施工的各主要阶段突出固体废弃物管理控制要点。③明确固体废弃物管理现场专项技术与管理内容。施工方案应具体体现出固体废弃物减量化、收集、再利用等专项内容的管理措施。

在进行施工方案编制前，进行固体废弃物管理影响因素分析。固体废弃物管理影响因素分析可以参照影响因素识别、影响因素评价、治理措施制定的步骤进行。

1）固体废弃物管理影响因素识别

借鉴风险管理理论的方法，可采用统计数据法、专家经验法、模拟分析法等来识别固体废弃物管理影响因素。统计数据法：企业层面可以按照主要分部分项工程结合项目所在区域、结构形式等因素来对施工各环节的固体废弃物管理影响因素进行识别与归类，通过大量收集、归纳和统计相关数据与信息，为后续工程施工识别环境因素提供宝贵的信息。专家经验法：借助专家的经验、知识等来分析工程施工各环节的固体废弃物管理影响因素，在实践中是非常简便有效的方法。模拟分析法：针对庞大复杂、涉及环境因素多、因素之间的关联性复杂等大型工程项目，可以借助系统分析的方法，构建模拟模型（也称仿真模型），通过系统模拟来识别并评价固体废弃物管理影响因素。固体废弃物管理影响因素识别是制定固体废弃物管理策划文件的前提。

2）固体废弃物管理影响因素评价

在识别了影响因素后，就要对影响因素进行分析和评价，以确定其影响程度的大小和发生的可能性等。在统计数据丰富的条件下，可以利用统计数据进行定量分析和评价。一般情况下，也可以根据以往工程经验和专家经验来对固体废弃物管理影响因素进行定性评价。

3）制定治理措施，并将其内容体现在策划文件中

根据固体废弃物管理影响因素识别和评价的结果，制定治理措施。制定的治理措施要体现在固体废弃物管理策划文件体系中，并将相应的落实责任、监管责任等依托项目管理体系予以落实。对那些危害小、容易控制的影响因素，可采取一般措施；对危害大的影响因素要制定严密的控制措施，并强化落实与监管。

施工方案要求严格按项目、公司两级审批，一般由技术员参照绿色施工相关规范结合工程实际施工进行编制，项目技术负责人审核后，报公司总工程师审批，只有审批手续完整的施工组织方案才能用于指导施工。有必要时，可考虑组织绿色施工专家进行论证。

5.4.3　固体废弃物管理目标策划

1）固体废弃物管理目标值的确定

固体废弃物管理的目标值应根据工程拟采用的各项措施，结合《绿色施工导则》、《建筑工程绿色施工评价标准》GB/T 50640、《建筑工程绿色

施工规范》等相关条款，在充分考虑施工现场周边环境和项目部以往施工经验的情况下确定。

目标值应该从粗到细分为不同层次，可以使总目标下规划若干分目标，也可以将一个一级目标拆分成若干个二级量化指标，形式可以多样，数量可以多变，每个工程的目标值应该是一个科学的目标体系，而不仅是简单的几个数据。

固体废弃物管理目标体系确定的原则是：因地制宜、结合实际、容易操作、科学合理。

2）目标策划内容

固体废弃物管理目标策划中相关指标的确定应按固体废弃物减量化、收集、再利用等各部分进行，充分考虑到施工策划、施工准备、材料采购、工程施工及工程验收等各个阶段的管理。

现阶段项目固体废弃物管理各项指标的具体目标值结合《绿色施工导则》、《建筑工程绿色施工评价标准》GB/T 50640、《建筑工程绿色施工规范》等相关条款，可按表 5-2～表 5-4 结合工程实际选择性设置，其中参考目标数据是根据相关规范条款和实际施工经验提出，仅供参考。

固体废弃物管理环境目标策划　　　　　　　　表 5-2

主要指标	需设置的目标值	参考的目标数据
建筑垃圾产量	产量小于……(t)	每万平方米建筑垃圾不超过 400t
建筑垃圾回收率	建筑垃圾回收率达到……(％)	可回收施工废弃物的回收率不小于 80％
建筑垃圾再利用率	建筑垃圾再利用率达到……(％)	再利用率和再回收率达到 30％
碎石类、土石方类建筑垃圾再利用率	碎石类、土石方类建筑垃圾再利用率达到……(％)	碎石类、土石方类建筑垃圾再利用率大于 50％
有毒有害废物分类率	有毒有害废物分类率达到……(％)	有毒有害废物分类率达到 100％
噪声控制	昼间≤……(dB) 夜间≤……(dB)	根据《建筑施工场界环境噪声排放标准》GB 12523,昼间≤70dB,夜间≤55dB
扬尘高度控制	结构施工扬尘高度≤……(m) 基础施工扬尘高度≤……(m) 安装装饰装修阶段扬尘高度≤……(m)。场界四周隔挡高度位置测得的大气总悬浮颗粒物(TSP)月平均浓度与城市背景值的差值≤……	结构施工扬尘高度≤0.5m,基础施工扬尘高度≤1.5m,安装装饰装修阶段扬尘高度≤0.5m。场界四周隔挡高度位置测得的大气总悬浮颗粒物(TSP)月平均浓度与城市背景值的差值≤0.08mg/m³

固体废弃物管理材料目标策划　　　　　　　　表 5-3

主要指标	预算损耗值	目标损耗值	参考的目标数据
钢材	……(t)	……(t)	材料损耗率比定额损耗率降低 30％
商品混凝土	……(m³)	……(m³)	材料损耗率比定额损耗率降低 30％
木材	……(m³)	……(m³)	材料损耗率比定额损耗率降低 30％

续表

主要指标	预算损耗值	目标损耗值	参考的目标数据
模板	平均周转次数为……次	平均周转次数为……（次）	
围挡等周转设备（料）	—	重复使用率……（％）	重复使用率≥70％
工具式定型模板	—	使用面积……（m³）	使用面积不小于模板工程总面积50％
其他主要建筑材料	—	—	材料损耗率比定额损耗率降低30％
就地取材≤500km 以内	—	占总量的……（％）	占总量的≥70％
建筑材料包装物回收率	—	建筑材料包装物回收率达到……（％）	建筑材料包装物回收率100％
预拌砂浆	—	……（m³）	超过砂浆总量的50％
钢筋工厂化加工	—	……（t）	80％以上的钢筋采用工厂化加工

固体废弃物管理的经济效益和社会效益目标策划　　表 5-4

主要指标	目标值	
实施固体废弃物管理的增加成本	……（元）	一次性损耗成本……（元）
		可多次使用成本为……（元）（按折旧计算）
实施固体废弃物管理的节约成本	……（元）	环境方面节约成本为……（元）
		材料方面节约成本为……（元）
前两项之差	增加（节约）……（元），占总产值比重为……（％）	
固体废弃物管理社会效益		

注：前两项之差指"实施固体废弃物管理的增加成本"与"实施固体废弃物管理的节约成本"之差。

固体废弃物管理目前还处于发展阶段，表 5-2～表 5-4 的主要指标、目标值以及参考的目标数据都还存在一定的阶段性，项目在具体实施过程中应注意把握国家行业动态和新技术、新工艺、新设备、新材料在固体废弃物管理中的推广应用程度以及企业绿色施工固体废弃物管理水平的进步等，及时进行调整。

3）目标的动态管理

项目实施过程中的固体废弃物管理目标控制采用动态控制。

动态控制的具体方法是在施工过程中对项目目标进行跟踪和控制。收集各个固体废弃物管理控制要点的实测数据，定期将实测数据与目标值进行比较。当发现实施过程中的实际情况与计划目标发生偏离时，及时分析偏离原因，确定纠正措施，采取纠正行动。对纠正后仍无法满足的目标值进行论证分析，及时修改，设立新的更适宜的目标值。

在工程建设项目实施中如此循环，直至目标实现为止。项目目标控制的纠偏措施主要有组织措施、管理措施、经济措施和技术措施等。

5.5 施工现场固体废弃物管理实施

固体废弃物管理策划之后，进入项目的实施管理阶段，固体废弃物管理应对整个过程实施动态管理，加强对施工策划、施工准备、现场施工、工程验收等各阶段的管理和监督。固体废弃物管理实施，实质是对实施过程进行控制，以达到规划所要求的固体废弃物管理目标。通俗地说就是为实现目的进行的一系列施工活动。固体废弃物管理工程实施过程中，主要强调以下几点：

5.5.1 建立系统的制度体系

"没有规矩，不成方圆"。固体废弃物管理在开工前制定了详细的专项方案，确立了具体的各项目标。在实施工程中，主要是采取一系列的措施和手段，确保按方案施工，最终满足目标要求。

固体废弃物管理应建立整套完善的制度体系，通过制度，既约束浪费的行为又指定应该采取的节约措施，而且，制度也是固体废弃物管理得以贯彻实施的保障体系。

5.5.2 明确第一责任人

固体废弃物管理需要明确第一责任人，以此加强工程项目固体废弃物管理。施工中存在的意识不强、投入不足、管理制度不健全、措施落实不到位等问题，是制约固体废弃物管理有效实施的关键问题。应明确工程项目经理为固体废弃物管理的第一责任人，由项目经理直接抓固体废弃物管理，担负固体废弃物管理责任，并督促项目相关部门落实固体废弃物管理措施。

5.5.3 协调与调度

为了确保固体废弃物管理目标的实现，在施工中要高度重视施工调度与协调管理。相关管理人员要对施工现场进行统一调度、工作安排与协调管理，严格按照总体计划，精心组织施工，确保有计划、有步骤地实现固体废弃物管理的各项目标。

固体废弃物管理是施工模式的转变方向，应融入整个施工调度与协调体系中。为了保证固体废弃物管理的秩序，解决现场存在的矛盾，逐级传达和执行决策人的意图，必须建立以项目经理为核心的调度体系，及时反馈上级及建设单位的意见，处理固体废弃物管理中出现的问题，并及时加以落实执行，调度体系职能如下：

1）监督、检查施工方案（含固体废弃物管理策划方案）的执行情况，负责人力物力的综合平衡，促进生产活动正常进行。

2）定期召开有业主、上级职能部门、设计单位、监理单位的协调会，解决施工（含固体废弃物管理专项内容）疑问和难点。

3）定期组织召开各专业管理人员及作业班组长参加的会议，分析整个工程的进度、成本、计划、质量、安全、固体废弃物管理执行情况，使项目领导的精神贯彻到现场每个施工员的行动中去。

4）指派专人负责，协调各专业工长的工作，组织好各分部分项工程的施工衔接，协调穿叉作业，保证施工的条理化、程序化。

5）施工组织协调建立在计划和目标管理基础之上，根据施工组织设计与工程有关的经济技术文件进行，指挥调度必须准确、及时、果断。

6）与建设、监理单位在计划管理、技术质量管理和资金管理等方面的协调配合措施。

5.5.4　检查与监测

固体废弃物管理的检查与监测包括日常检查和定期检查，其目的是测量固体废弃物管理目标的完成情况和效果，为后续的改进提升提供依据。检查与监测的手段有定性测量和定量测量两类。工程项目可针对固体废弃物管理制定月检、旬检、周检、日检等不同频率周期的检查制度，而且检查的侧重点应有所不同，频率高的检查侧重于环境保护和资源节约，频率低的检查侧重于固体废弃物收集与再利用。总之，固体废弃物管理的检查与测量可以参照《建筑工程绿色施工评价标准》，以固体废弃物管理策划方案为依据，检查各目标和方案策划的落实情况。

5.5.5　营造固体废弃物管理氛围

目前，固体废弃物管理理念还没有深入人心，很多人并没有完全接受固体废弃物管理概念。固体废弃物实施管理，首先应该纠正职工的思想，努力让每一个职工把节约资源和保护环境放到一个重要的位置上，让固体废弃物管理成为一种自觉行为。要达到这个目的，结合工程项目特点，有针对性地对固体废弃物管理作相应的宣传，通过宣传营造固体废弃物管理的氛围非常重要。

固体废弃物管理要求在现场施工标牌中增加环境保护的内容，在施工现场醒目位置设置环境保护标识。

5.5.6 增强职工固体废弃物管理意识

各参建方应重视自身建设，使管理水平不断提高，不断趋于科学合理，并加强企业管理人员的培训，提高他们的素质和环境意识。具体应做到：

1）加强管理人员的学习，然后由管理人员对操作层人员进行培训，增强员工的整体绿色意识，增加员工对固体废弃物管理的承担与参与。

2）在施工阶段，定期对操作人员进行宣传教育，如黑板报和固体废弃物管理宣传小册子等，要求操作人员严格按已制定的固体废弃物管理措施进行操作。

5.6 收集管理技术工程应用

成都天投国际商务中心二期项目、正奇未来科创城项目建立了完善的固体废弃物分类体系，分别设置了施工现场垃圾分类池，制定了固体废弃物收集运输管理制度，采用了新型驾驶式电动清扫车进行楼层固废的收集作业，采用固废垂直运输通道进行固体废弃物的垂直运输，并在垂直运输通道末端设置自动分离设备进行固废的分类。

5.6.1 固体废弃物分类管理

固体废弃物主要按照金属类、无机非金属类、有机类、复合垃圾类、危废类等五种类别进行分类收集，通过调研与统计，各类垃圾在施工现场可能包含的主要内容如下：

金属类垃圾包括钢筋、铁丝、角钢、型钢、废卡扣（脚手架）、废钢管（脚手架）、废螺杆、废电箱、废锯片、废钻头、废钉子、破损围挡、电线、电缆、信号线头、金属桶、金属支架等；无机非金属类垃圾包括混凝土、废弃砂浆、废弃水泥、砂、石等；有机类垃圾主要包括塑料包装、模板、木方、木制包装、纸质包装、塑料薄膜、防尘网、安全网、废毛刷、废毛毡、废消防箱、废消防水带、编织袋、废胶带、防水卷材、机电管材、其他塑料制品等。复合类垃圾包括预制桩头、灌注桩头、轻质金属夹芯板、石膏板等。危废类垃圾包括岩棉、石棉、油漆（桶）、玻璃胶、结构胶、密封胶、发泡胶等。

考虑到现场有些垃圾无法及时准确分类，故在厂区内设置未分类垃圾堆场，以供人工完成二次分拣工作，保证对所有固体废弃物进行分类收集。

针对分类后的固体废弃物，建立了完善的收集运输管理制度。因收集技术与设备尚未达到完全自动化，收集和运输过程中仍需人工配合，为此，项目制定了施工现场固废收集与运输规章制度，主要包括以下几项：

1）楼层内建筑垃圾应由各劳务/分包单位按照五类垃圾分类堆放，楼层内的临时堆放位置应由总包现场责任工程师指定，不得随意堆放；

2）每天上午 8：00～11：00 为主体结构施工阶段固废投放时间，下午 2：00～5：00 为装饰装修施工阶段固废投放时间，晚上 6：30～7：00 为移动收集车清理时间；

3）固废投放期间，相关单位应安排专人在出料口执勤，确保降尘设施有效运行，防止扬尘超标，同时要求闲杂人等不得靠近，过程中遇到突发情况应及时上报；

4）垃圾收集箱达到容量的 80% 左右时，出料口执勤人员应及时通知投放人员暂停投放，更换垃圾收集箱，以免垃圾过多造成运输过程中发生撒落；

5）固废垃圾应按类别归集到相应垃圾池，若同一箱中存在各类垃圾混装的情况，应先行运送至未分类垃圾堆场临时堆放，并及时安排人员进行二次分拣工作；

6）各责任单位安排人工配合进行各自责任区域的固废收集与运输，做好交底培训工作，严格按规定时间进行固废的处理，并对过程中表现良好的单位及个人进行奖励；

7）加强过程管理，做好收集设备的成品保护，若发生人为故意损坏或使用不当发生损坏等情况，应由责任单位及时修复或按价赔偿。

5.6.2　天投项目固废运输收集设备应用

1）固体废弃物水平运输及收集

楼层内产生的垃圾要求分类进行堆放，堆放位置由各区域责任工长指定，严禁随意堆放。各劳务、分包单位根据约定安排好的时间将楼层内的垃圾通过人工＋小推车的方式运输至每层的投料口进行投放，垃圾通过垂直运输通道进入垃圾收集箱内并达到额定容量时，使用叉车将垃圾收集箱运输到固体废弃物综合处理场区内分类集中堆放（图 5-13）。

垃圾楼层内堆放及装载

楼层内垃圾水平运输

垃圾运输至楼层进料口

楼层垃圾运输至垃圾收集箱

图 5-13　固体废弃物水平运输及收集

2）固体废弃物垂直运输及收集

在建筑施工过程中，因专业分包较多，加之设计变更，将会产生大量建筑垃圾并堆积在各个楼层。如何及时有效地清理各层建筑垃圾成为亟须解决的一大问题。使用电梯运输楼层垃圾，将会降低电梯的正常运输量，影响正常施工。使用垃圾运输管道可以有效解决此问题，并且同时能够控制扬尘的产生，降低凌空抛掷垃圾的潜在安全风险，节约电梯运输垃圾的能耗，实现"绿色施工、文明施工"。

本工程在塔楼核心筒内设置垃圾垂直运输管道（图5-14），根据设计高度，选择接式管道，管道使用5.0mm厚的焊缝钢管、管径为 DN400，

垂直运输通道及缓冲节

垃圾收集箱及喷淋降尘设施

垃圾收集箱筛网

楼层垃圾进料口

图 5-14　固体废弃物垂直运输与收集设施

并用固定支架固定于墙体与楼板上。每个楼层设置一个垃圾进料口并在口部设置翻转盖板，垃圾不下运的楼层垃圾进料口盖板处于封闭状态。每3层设置缓冲节以降低垃圾垂直运输过程中的动能冲击。在塔楼首层设置建筑垃圾收集箱，垃圾收集箱上部设置筛网用于筛分不同粒径的垃圾，同时周边设置降尘喷淋，防止垃圾垂直运输过程中扬尘浓度超标。

3）施工场区固体废弃物倾倒流程与路线（图5-15、图5-16）

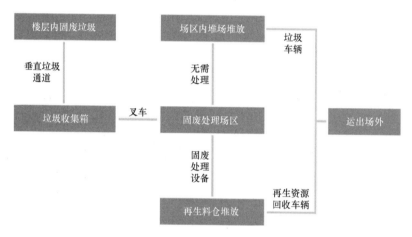

图 5-15　固体废弃物倾倒流程

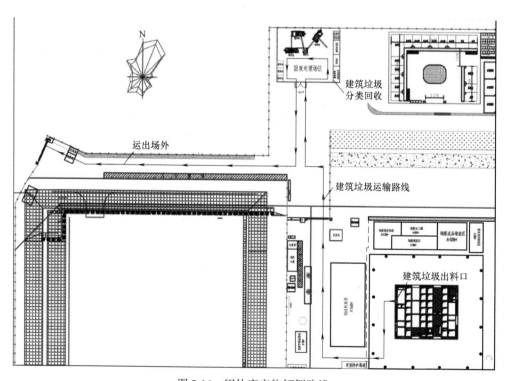

图 5-16　固体废弃物倾倒路线

5.6.3　正奇未来科创城项目固废运输收集设备应用

1）楼层固废水平收集

项目采用新型驾驶式电动清扫车进行楼层固废的收集作业。

楼层内的固废要求进行集中堆放：

（1）主体施工阶段楼层固体废弃物收集采用人工配合驾驶式电动清扫车进行。驾驶式电动清扫车作业时将机械臂推铲伸缩、下降至距地50mm，粒径≥50mm 的固体废弃物用推铲推至投料口附近，粒径≤50mm 的固体废弃物利用清扫车毛刷收集至清扫车内。无法使用清扫车收集的部分固体废弃物采用人工配合收集。驾驶式电动清扫车外形尺寸要求高度≤2.5m，宽度≤1.3m，长度≤2.5m，重量≤600kg，便于采用施工电梯进行垂直运输。

（2）二次结构及装饰装修施工阶段楼层固体废弃物主要采用人工收集，并通过斗车运至楼层投料口附近。

2）固废垂直运输

项目采用固废垂直运输通道进行固体废弃物的垂直运输，位置在核心筒高区电梯井内，根据塔楼的设计特点，选择构件尺寸标准化设计。固废垂直运输通道构件包括楼层投料口、方形直角缓冲装置、竖向连接管道及三角支撑，竖向连接管道采用内径 500mm 的高密度聚乙烯双壁波纹管制作，每层设置与管道内径相同的钢制投料口，并在每 5 层设置缓冲装置，每段建筑垃圾运输缓冲间距约为 25m。

缓冲装置采用 3mm 厚钢板焊制成方形弯头通道，方形尺寸方便缓冲橡皮垫的固定，且在橡皮垫固定后，确保缓冲装置供建筑垃圾通过的净空不小于 450mm，相对圆形钢管弯头增大了投料尺寸。采用缓冲装置与楼层垃圾投料口相结合的方式进行设置，以便在缓冲装置堵塞时，可以通过楼层垃圾投料口进行清理。

为便于设备安拆，将垂直运输减速设备构件尺寸标准化设计，示范工程塔楼标准层层高 4.2m，将竖向连接管道长度尺寸设计为 3.0m，投料口及缓冲装置高度尺寸设计为 1.5m，为方便与建筑垃圾竖向运输通道的连接，在缓冲装置上部和下部通过焊接设置直径 480mm 圆形钢管，通过套接的方式与运输通道进行连接，套接长度不小于 150mm，满足示范工程层高使用要求，同时也能通过调整竖向连接管道长度来适应更多的层高类型，提高了设备的标准化及周转率。

楼层固废投放要求如下：

（1）楼层固体废弃物收集完成后，进行固体废弃物的投放。

（2）固体废弃物的投放主要采用人工进行，利用铁锹将固体废弃物投放至楼层投料口内。因楼层投料口为喇叭口形状，口部距地高度≤250mm，且宽度为700mm，可直接用斗车倾倒固体废弃物。

（3）各施工阶段产生的固体废弃物投放需按相关管理制度执行，主体结构及二次结构不同楼层间产生的固体废弃物上午7：30～11：30分阶段投放，装饰装修产生的固体废弃物下午2：00～6：00分阶段投放，其余时间禁止进行固体废弃物投放作业。

3）固废分拣

项目采用固废垂直运输通道末端自动分离设备进行固废分类。该设备是由缓冲装置、电磁铁装置、自动挡板装置、粒径分离通道、防尘布袋及移动收集车组成的一种智能化固体废弃物分类设备。

各装置说明如下：

（1）缓冲装置

缓冲装置包括直三角通道和橡皮垫，直三角通道上部的延出端与运输通道或楼层垃圾口的下部连接，直三角通道下部的延出端分别与建筑垃圾运输通道和装修垃圾运输通道连接，直三角通道内的直角处设有橡皮垫。

（2）电磁铁装置

缓冲装置通道下部的延出端侧部设有内凹区域，内凹区域位于直三角通道直角处的下方，内凹区域内设有电磁铁，电磁铁与控制器相连接。

（3）自动挡板装置

自动挡板装置包括转角电机、电动挡板和控制器，控制器连接电机驱动器，电机驱动器连接转角电机，控制器上设有定时器，转角电机的驱动轴与转动轴的一端固定连接，转动轴的另一端通过转动轴承组件转动设置在轴座上，轴座固定在建筑垃圾运输通道和装修垃圾运输通道连接处，转动轴上固定设有用于分离建筑垃圾和装修垃圾的电动挡板，转角电机、控制器、电机驱动器和定时器均设置在建筑垃圾运输通道和装修垃圾运输通道的外部。

（4）粒径分离通道

粒径分离通道设置为倾斜向上，粒径分离通道包括方通和钢筋滤网，方通底部从上到下依次连接的钢筋滤网孔径逐渐变大，钢筋滤网上外包PVC套管。

（5）防尘布袋

钢筋滤网和装修垃圾运输通道底部均设有防尘布袋，防尘布袋设置在移动垃圾收集车内，抑制扬尘。

（6）移动收集车

移动收集车采用 3mm 厚钢板焊接制作，下设万向轮方便人工进行移动，便于分离完成的固体废弃物的运输。

楼层固废经垂直运输通道进入末端自动分离设备后，通过末端缓冲装置再次降速进入分离装置。先由电磁铁装置将固体废弃物中的金属废弃物分离，再由自动挡板装置控制固体废弃物进入粒径分离通道或者直接进入移动收集车。自动挡板由电机通过定时开关自动控制，结合项目固体废弃物管理制度，要求现场主体结构及装饰装修施工产生的固体废弃物分时间段投放，主体结构施工产生的固体废弃物进入粒径分离通道，装饰装修施工产生的固体废弃物直接进入移动收集车，实现不同施工阶段固体废弃物分离。进入粒径分离通道的固体废弃物通过不同网口直径的钢筋滤网，按不同粒径进入移动收集车内，达到按粒径分离固体废弃物的目的。在末端分离装置设置防尘布袋，实现固体废弃物的无尘收集。

第6章 施工现场固体废弃物资源化利用

施工现场固体废弃物的资源化利用需要根据固废种类因地制宜、分类利用，提高资源化利用水平，并根据场地条件，合理布置固体废弃物加工区及产品储藏区。复合类固体废弃物施工现场处理难度较大，需收集后进行场外集中处理，进行分离后再利用，资源化利用成本较高。危废需进行特殊处理，可利用性差，不适宜进行现场处理。因此适用于施工现场的固体废弃物资源化利用技术主要研究可利用性强的固体废弃物，主要包括金属类、无机非金属类、有机类固体废弃物。

6.1 泥浆资源化技术研究

在进行钻孔灌注桩施工时，需要大量使用泥浆，泥浆在钻孔灌注桩施工中的主要作用包括：形成泥皮和平衡桩孔内外地层压力，保护孔壁、防止坍塌；悬浮钻渣、清洗孔底、冷却钻具。

泥浆的主要性能评价指标有泥浆相对密度、黏度、含砂率、胶体率、酸碱度和稳定性等。每一个性能指标的变化都直接影响着孔壁稳定、排渣、清孔等一系列的钻井成孔工艺问题。在钻进过程中，泥浆的比重、黏度、含沙量发生变化，会变成废弃泥浆，若直接排放，会给周边环境带来较大危害，必须对其进行处理或净化。

目前，无害化处理废弃泥浆的方法在不断改进，常采用的方法有集中填埋处理法、自然沉淀法、化学沉淀法、压滤处理法等。集中填埋处理运输成本高，且会造成二次污染；对于改扩建项目，施工场地狭小，自然沉淀法没有足够的场地，且效率极低；化学沉淀法处理成本高，固液分离效果差。采用压滤处理法可较大程度实现泥浆固液分离。

废弃泥浆处理应首先做到技术有效、简便易行、经济适宜并以环境保护为目的，压滤处理法是一种极其有效的废弃泥浆处理方法。它利用新型泥浆渣土分离脱水设备，实现滤板压紧、过滤、压榨、反吹、滤饼洗涤、滤板松开、卸料等工序自动化控制。泥浆在进料泵的推动下，经止推板的泥浆进口进入各滤室内，泥浆借助输料泵产生的压力进行固液分离，由于滤布的作用，固体留在滤室内形成滤饼，滤液通过排液口排出。此外，若滤饼需要洗涤，可以向压榨管中通入压缩空气或高压水，进行滤饼压榨，进一步降低滤饼的含水率；还可以从洗涤口通入高压空气，透过滤饼层进行中间空气穿流，挤压出滤饼中的一部分水分。泥浆分离工作流程如图 6-1 所示。

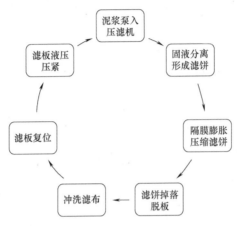

图 6-1 厢式隔膜压滤机工作流程图

压滤机附近设置泥浆池，泥浆池选择应遵循以下基本原则：

1）泥浆池应根据施工现场环境要求、地形、水文、土质条件等相关情况，合理选择位置，并采取防渗漏、防流失措施。

2）合理估算废弃泥浆量，确定储浆池、净浆池、清水池的容积，确保所有的废弃泥浆被搜集起来，避免直接排出。

泥浆池根据功能不同，分为三级，分别是储浆池、净浆池和清水池：

第一级为储浆池：储浆池的容量应该能够临时储存当天产生的泥浆总量；

第二级为净浆池：经过泥砂分离后的泥浆，流入净浆池临时储存，等待固液分离处理，泥浆池通过软管将泥浆泵送到压滤机处进行处理；

第三级为清水池：主要储存泥浆固液分离后的清水，清水池视场地许可情况，应尽可能大，可用作场地清洁、车辆冲洗和场地绿化等，清水池与市政管网连通，水池太满时外溢排走。

泥浆池施工按常规砌体水池设计并施工，泥浆池内壁防水砂浆抹面，并在泥浆池周边及机械设备周边设防护栏杆（高度不低于 1.5m），设红色警示灯并挂提示标志牌。

泥浆压滤设备的安装应根据场地实际情况考虑是否做设备基础，应保证设备安放后稳定，运行时不产生摇摆晃动等情况。厢式压滤机由机架、滤板、液压部分、卸料装置及电气控制部分组成。各部件到场经验收合格后，依次有序进行安装，构件吊放时应平稳缓慢，禁止互相碰撞。连接好各路配电线路、泥浆管及泥浆泵。泥浆泵高度根据现场实际情况进行调节，与泥浆泵相连的一段是软管，另一部分为硬管。软管与硬管接驳时，用铁丝绑扎两道，以防压力太大管路松脱，在硬管的末端安装球阀，以控制泥浆流量。

该技术运用厢式隔膜板压滤机对泥浆进行压滤处理，通过该分离技术，可实现泥浆的无污染处理，分离出的土、水可再利用，如图 6-2 所示，清水直接进入施工现场用水系统中循环利用，减少工程用水量，有效节省水资源；滤饼经过压滤形成致密的结构变成渗透性良好的硬塑土，具有良好的工程特性，可以直接作为地基土或者其他工程材料的原材。该技术可有效降低泥浆处理成本，在节能减排、绿色环保等方面也具有极大的优越性。

图 6-2　过滤清水和滤饼示意图

在华为杭州生产基地改扩建项目上，使用泥浆资源化利用技术，处理泥浆总计 51000m³，成本折合 300 万元，若采用泥罐车将泥浆外运，成本为 84 元/m³，总计 430 万元，共节约成本 130 万元。

6.2　金属类固体废弃物资源化技术研究

现场产生的钢筋余料可根据余料性质、长短等做不同用途的分类，在现场设置相应的加工场。较长的钢筋可做楼层常用的马凳筋、墙板拉结筋、小型过梁，制作排水沟钢筋盖板或用于梁双层钢筋垫铁等；较短的钢筋可以焊接后作为墙板的定位钢筋、钢筋间绑条、电弧焊绑条材料；其他剩余钢筋头还可以进行专项加工再利用，制作对拉螺杆、支模用的 U 形卡，稍粗的钢筋可以进行螺帽的制作，力求减少钢筋损耗。还可以用于制作梯子筋、埋件锚固钢筋、墙体顶模棍、后浇带位置固定快易收口网、模板内撑，经废旧钢筋调直机调直后可再用做箍筋板筋，其他多余的钢筋可通过钢筋废料厂进行回炉再利用。废钢筋可采取直接利用的再利用方式。如果因为特殊情况不能进行直接利用，可将废钢筋熔化后制成新钢筋。就目前而言，在建筑固体废弃物的处理利用中，废钢筋的回收利用率是最高的。我国也具有比较可靠的废钢筋回收市场，废钢筋的回收利用比较普遍，能够有效实现废钢筋的回收再利用（图 6-3）。

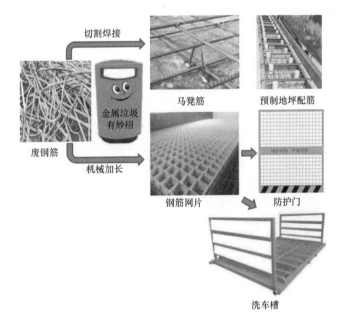

图 6-3　废钢筋资源化利用技术

6.3　无机非金属类固体废弃物资源化技术研究

无机非金属类固体废弃物是施工现场产量最大的固体废弃物，对其进行资源化利用十分必要，可现场进行资源化处理的无机非金属类固体废弃物主要包括混凝土、砂浆、废砖等，通常对其进行破碎、整形、筛分等处理后生成高品质的再生骨料，代替天然骨料使用，实现资源化利用。

6.3.1 废混凝土资源化技术研究

混凝土资源化利用技术主要是将混凝土废混凝土经回收、分拣、破碎、筛选、分级和清洗等专业技术和设备处理，按照一定比例和其他材料相互配合后形成再生骨料，能够部分或全部代替天然骨料，与其他材料配置成新的再生骨料混凝土。

普通混凝土中，天然砂石骨料占总量的 75% 左右，是混凝土用料最多的成分。再生骨料和天然骨料在性能上虽不完全一样，如再生骨料内部存在大量微裂纹，压碎指标值高，吸水率高，配置的混凝土工作性能和耐久性难以满足工程要求，但大量研究和工程实验表明，通过颗粒整形技术强化得到的再生骨料混凝土的力学性能、耐久性等已接近天然骨料，可以取代天然骨料应用于再生混凝土结构中（图 6-4）。

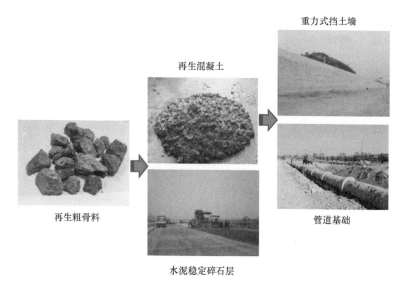

图 6-4　再生骨料用于挡土墙和管道基础

1）用作再生骨料

废弃混凝土块经破碎、清洗、分级后做再生骨料代替天然骨料配制新混凝土（即再生混凝土）循环利用，一方面可解决废弃混凝土的处置问题，另一方面可以减少天然砂石骨料的消耗。

废弃混凝土块经破碎后，部分水泥浆残留在再生骨料表面，再生骨料含有大约 30% 的水泥砂浆，使得混凝土再生骨料具有更低的颗粒密度和更高的孔隙率，性质不稳定且吸水率高。混凝土再生骨料与水泥浆体界面过渡区结合较弱，混凝土中存在气孔和横断裂纹以及高的硫、氯含量。

　　由于再生骨料的高含水率，随着时间的推移，再生混凝土含水量不断缓慢降低，以至于难以保证混凝土正常凝结硬化，影响混凝土内部质量。因此妥善处理好再生骨料吸水率高的问题一直是相关领域的研究重点。国内一般采用增加附加水的方法拌制混凝土，理论上用水量比天然骨料多出5%左右，另外就是添加高效熟化剂或高效减水剂等降低其吸水率，实现再生混凝土的强化。国外还有采用改善再生骨料自身质量、减少再生骨料中水泥砂浆含量的方法实现再生骨料强化的。此外，再生骨料的强化效果显著，并不能确保再生混凝土的强化效果也同样显著。强化再生骨料的最终目的是强化再生混凝土，故除强化再生骨料之外，还可以采取直接改善再生混凝土原料拌制条件的方法强化再生混凝土性能（图 6-5）。

高强度混凝土再生粗骨料　　　　　粉煤灰

路基　　　　　　　　　填料

图 6-5　高强度混凝土再生粗骨料用于路基和填料

　　2）用作再生水泥原料

　　废弃混凝土再生水泥原料主要有大颗粒再生水泥熟料、粉体再生水泥熟料、全组分再生水泥熟料和水泥熟料混合材。利用废弃混凝土中石灰石大颗粒替代部分天然石灰石做水泥生产的钙质原料。天然石灰石中 CaO 含量占 50%，但由于废弃混凝土大颗粒中含有惰性 SiO_2，难以利用废弃混凝土破碎筛分后的微粉、水泥石粉或者砂浆做水泥生料组分。废弃混凝土再生骨料中有 5%左右的微粉，主要是水化的水泥石粉，含有部分未水化的水泥，可通过研磨将被硬化水泥包裹的未水化水泥暴露出来，回用作生料组分。由于废弃混凝土中有石灰石和硅质含量较高的石灰岩粗骨料，且硬化水泥石高温脱水后的氧化物成分与水泥生料基本相同，理论上，废弃混凝土可被全部回用作水泥生料原料。

将废弃混凝土破碎后分离出水泥浆和细集料粉磨成细粉后煅烧作为水泥混合材。废弃混凝土中的水泥石中含有未水化的水泥颗粒，可自发水化硬化。但废弃混凝土中水泥浆和细集料等活性较低，表面坚固致密，仅仅靠拌合水泥浆时水泥水化产生的 Ca（OH）$_2$ 等，是无法充分和快速地溶解和激发废弃混凝土混合材的活性的，需在掺和混合材制水泥之前，激发废弃混凝土的活性，即瓦解废弃混凝土结构，释放内部可溶性 SiO$_2$ 和将网状高聚体解聚成低聚度的硅铝酸盐胶体。

3）制备新型墙体材料

将废弃混凝土制备成粗细骨料，分离出细粉料，并对其材性进行分析，结合新型墙材混凝土制品制备技术，可以研发新型墙体材料。相关试验证明再生混凝土小型空心砌块的强度能够达到 MU5 以上。采用再生骨料制备混凝土砖，通过大量的配合比试验设计，做出的再生混凝土空心砌块的抗压强度等级可达 MU5，因此用于承重墙是可行的，而且采用再生骨料可提高墙体的保温性能。

6.3.2　砂浆资源化技术研究

砂浆对自然资源砂石的消耗量很大，其用砂量占建筑工程用砂总量的 1/3 左右。同时，随着我国建筑业的快速发展，混凝土将随之大量产生，而每生产 1m^3 混凝土约需 2000kg 左右的砂石骨料。大量开采天然砂石已造成水土流失、泥石流、山体滑坡等自然灾害，必须对废砂浆实行资源化利用。

1）再生骨料砂浆

再生骨料砂浆是将废砂浆经回收、破碎、分离、筛选和分级等资源化处理后，按照一定比例与辅助材料配合后形成再生骨料，此再生骨料能部分或全部代替天然骨料，与其他材料配置成新的建筑砂浆。鄢朝勇等以废渣生态水泥作为胶凝材料，利用细磨的废砂浆粉作为再生砂取代天然砂石作为骨料，配置出 M5.0、M7.5 和 M10 级生态型的建筑砂浆，此建筑砂浆为废砂浆的大量使用提供了绿色途径。

2）作为水泥原料

水泥作为建筑工程的粉状水硬性无机胶凝材料，能把砂石等材料牢固地胶结在一起，其生产过程中耗能大、费材多、污染重，且每年建筑砂浆的生产会浪费 1×10^8 t 以上的水泥。利用废弃砂浆生产水泥将可以增加水泥生产的原材料供给。但建明等将废混凝土中黏结的废砂浆分离出来经过磨细作为水泥的原料，煅烧出能够满足硅酸盐水泥各项性能标准要求的典型水泥，所以，对占建筑垃圾重要分量的废砖和废混凝土，将其黏结的废砂浆经分离、磨细等技术处理后用作水泥原料，具有节能、节料和节省成本的特点。

3）再生混凝土原料

用工地上的废砖经破碎后产生的砖粉与废砂浆经磨细后产生的废砂浆粉作为细骨料，以废混凝土为粗骨料制作再生混凝土砌块，其各项性能均能满足混凝土空心砌块要求，且具有保温隔热的特点。三者有效结合制作的再生混凝土可作为一种新型的节能墙体材料，即为绿色节能建材。

6.3.3　废砖资源化利用技术研究

目前我国废砖资源化技术的研究已相当成熟，但是普及率和使用率不高。下面从方便可行、资源化利用率高的角度，提出废砖的资源化途径（图 6-6）。

图 6-6　废砖资源化利用技术

1）再生骨料砖

在建筑垃圾中比较难以分离出来的砖块或不完整的碎块，在进行破碎、筛分、清洗等之后，按一定比例和其他材料相互配合后形成再生骨料，能够部分或全部代替天然骨料，与其他材料配置制成新的砖，包括空心砖、实心砖、蒸压砖和混凝土多孔砖等，同时也能制成轻质砌块，具有较强的抗压性能，而且具有耐磨、保温、隔声等优点。

2）再生混凝土骨料

砖经过破碎、筛分、清洗、打磨等工艺处理后，能够代替天然骨料配置再生轻骨料混凝土和再生轻骨料混凝土制品，减少建筑垃圾中废砖量，加大和丰富再生混凝土骨料来源，达到废物间的互利，提高垃圾的资源利用率，拓展建筑垃圾资源化产业。例如广西大学土木建筑工程学院学生以废砖粉和废砂浆为细骨料的再生混凝土受力性能试验研究表明，以废砖粉和废砂浆为细骨料、以废混凝土为粗骨料的再生混凝土强度值完全能够满足制作墙体材料的要求。

在废砖经过分拣、破碎、筛分和细磨所得的废砖粉中加入石灰、石膏或者是硅酸盐水泥熟料后，添加其他细骨料、粉体或者辅助材料，可制成具有承重、保温隔热功能的结构轻骨料混凝土构件，包括混凝土板和混凝土砌块。

3）其他综合利用途径

研究表明废砖粉能够作为再生砂浆骨料，即废砖粉在一定的条件下，能取代建筑砂浆中的天然砂用于配制再生砂浆；陶瓷抛光砖粉能够作为水泥混合材料，对水泥相关性能产生一定影响，帮助其解决和提高水泥制作中存在的性能缺陷问题，已在水泥工业中得到广泛的应用；将红硅石砖和红砖细粉使用在冲天炉炉衬上，其结果表明，红硅石砖和红砖细粉耐火度高，是一种新型的耐火材料，且在高温下，抗冲刷能力和抗侵蚀性能好，能够延长炉衬的寿命，而且对炉壁的侵蚀很少，炉壁挂渣少，表面杂物少，清炉和修炉都比较方便，可改善工人作业环境，降低劳动强度，同时节省修炉材料费。

4）景观工程

碎砖块也同混凝土一样能够作为景观工程再次利用的一大材料。碎砖通过修正、破碎、打磨、清洗、砌筑和涂抹抹面等工艺处理，可砌筑一些简易的景观工程，或者作为景观防护工程中的围护设施。

5）地基加固工程

废砖能够作为废弃混凝土的添加材料或者辅助材料用于地基加固工程，降低废砖和废混凝土的存在量。

6.4 有机类固体废弃物资源化技术研究

模板工程中使用了大量的木材。建筑施工现场基本都是采用木胶板或竹胶板做模板，必然在加工过程中产生大量的不合尺寸的废料。废旧模板在施工现场回收利用，可将废旧模板用油漆涂刷后做预留小洞口的盖板，美观实用、节材环保。还可利用短木方、窄竹胶板等废旧周转材料来制作加工定型防护脚手板替代木跳板使用，从而达到废物再利用和成本节约的目的。施工现场废旧模板可作为后浇带盖板，封堵结构预留孔洞或保护楼梯踏步，还可利用边角料模板做外架的踢脚板。利用现场裁割剩余的竹胶板做成输送通道、木方边角料做龙骨加固，制作溜槽替代混凝土输送泵，运用在底板大体积混凝土浇筑施工工艺中。这样废旧材料可以得到很好的二次利用，减少废物污染，节省材料。

施工现场木方需求量大，按照安全、经济、合理、可循环利用的原则，利用木方对接技术，对长度未超过 1m 的木方，采用木方接长机接长后用于其他单体，过短的木方可用于楼层临边洞口等。废木方、短木方对接后循环再利用，可以节省木方，降低施工成本。在竹木制品加工过程中会产生剩余物——竹木刨花、竹木粉、边角料等竹木"三废"，对此类竹木"三废"一般采用环保型胶黏剂、热压工艺技术、表面处理与贴面工艺技术，制成符合性能指标的新型竹木碎料板及其制品，竹木"三废"利用率可达到 100%。经回收切割、清洗后的小木块可制成轻骨料，用于制作轻质混凝土。

6.5 固体废弃物综合处理设备

现有施工现场固体废弃物的处理设备，其工艺流程大多还停留在简单破碎和筛分的水平上，大量产出的再生骨料产品品质因天然骨料与水泥砂浆的包裹无法实现有效分离，导致再生骨料的性能低下，难以达到拌制高品质混凝土的要求，其再生利用价值长期处于较低水平，与产业化应用的需求差距巨大。通过固废处理设备需求分析，根据施工现场实际工程需求，对固废处理设备的整体单元组成以及各项具体指标要求进行研究，确定其设计指标和参数性能，以满足固体废弃物在施工现场的原位资源化处理，并尽可能保证设备使用的灵活性和场地的适应性，同时满足施工现场设备的噪声及粉尘的排放要求。

整套综合处理设备在具备将施工现场产生的无机类固体废弃物（混凝土、瓷砖、砂石、砂浆等）现场破碎、筛分后，生成再生粗骨料、细骨料、再生中砂、细砂粉料等再生产品，满足现场资源化再利用要求，并能提高再生利用附加值。

目前常用的固体废弃物处理设备通常为破碎—筛分工艺流程，无机类固体废弃物经过破碎处理后生成的破碎产物再通过筛分处理得到不同粒径的再生产品。破碎处理大多通过筒式结构，利用骨料间相互研磨或是搅拌和辊压的方式达到水泥砂浆与天然骨料剥离的目的，但效果普遍不太理想，难以实现二者完整的剥离，还对其中天然骨料的边缘和外形造成较大损伤，进一步降低了再生骨料颗粒的性能。同时，生产过程中过度的摩擦产生了更多的粉尘，对设备的损耗也较严重。因此需在传统的破碎—筛分工艺流程中加入对再生骨料进行强化、整形的处理单元。

整形单元的设置综合考虑再生骨料强化整形效果及高效筛分、设备组装简易程度、自动化控制水平、成本控制、模块化设计等因素，对工艺流程进行合理设计，以传统破碎—筛分工艺为基础，将整形单元放置在破碎单元和筛分单元之间，首先满足再生骨料处理要求，设备组装简便易行。若安装在筛分单元之后，则需要多台针对不同粒径骨料的整形单元，增大了处理难度和成本。固体废弃物资源化利用成套设备的三个核心处理模块为破碎单元、整形单元和筛分单元，通过各自的上料皮带机和出料皮带机将各单元连接为一套可对施工现场固体废弃物进行破碎—整形—筛分等综合处理的设备。各设备单元间根据其处理能力的不同，配备了智能匹配的缓冲料仓。设备的核心单元总装图如图 6-7 所示，处理过程主要分为以下三个步骤：

图 6-7　固体废弃物综合处理成套设备总装图

1）经初步分选的工程垃圾经上料皮带机投入破碎单元中，破碎单元将其破碎为粒径更小的固体颗粒。

2）破碎后的物料经上料皮带机投入整形单元中，整形单元对破碎后的物料再次整形破碎。整形机转子高速旋转，在离心力的作用下使物料之间高速碰撞，颗粒外部包裹的水泥砂浆与天然骨料剥离。

3）根据不同产品要求设置筛分单元各层筛板的尺寸规格，整形后的物料通过各层筛板筛分，生产出不同粒径的再生粗骨料。

6.5.1 设备单元研发

破碎单元包括电磁除铁器、四辊破碎机、轮胎式移动底托、出料皮带机、脉冲袋式除尘器和电控装置，如图 6-8 所示。设备利用四个高强度耐磨合金碾辊相对旋转产生的高挤压力和剪切力来破碎物料。物料经由上料皮带机匀速喂料后，进入上层两辊 V 型破碎腔，通过上层两辊相对旋转将物料进行挤压和噬磨（粗碎）。物料在自重作用下进入下层两辊的 V 型破碎腔，下辊对物料再次进行挤压、剪切和噬磨，破碎（中碎）成需要的粒度后由排料口排出。

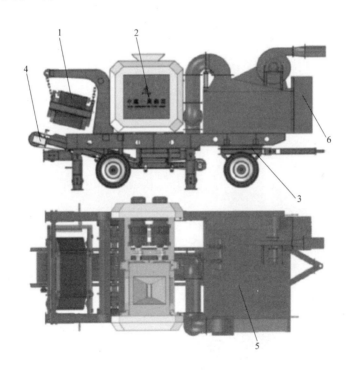

图 6-8 破碎单元结构示意图

1-电磁除铁器；2-四辊破碎机；3-轮胎式移动底托；

4-出料皮带机；5-脉冲袋式除尘器；6-电控装置

根据工艺要求，破碎单元需小型模块化，可在基础上安装使用，亦可在移动装置上安装使用（要求破碎机对基础冲击小），其设备优势如下：

（1）四辊破碎机上辊间隙大（相当于粗破），下辊间隙小（相当于中破），采用两级破碎理论，优化工艺流程，减少设备数量，降低成本；（2）齿辊破碎机结构紧凑且破碎力由内部机构承受，基础不受力，特别适用于移动式设备；（3）齿辊破碎机通过齿辊挤压、剪切、磨削破碎物料，重复破碎少，更有利于去除表面包浆；（4）齿辊转速低，破碎腔正压很小；（5）设备故障率低：齿辊破碎机在遇到过硬或不可破物料时，辊子可凭弹簧装置自动退让，使过硬或不可破物料落下，从而保护机器不受损坏。

整形处理的目的主要是削减骨料的突出棱角并充分除去再生粗骨料表面附着的硬化水泥浆石，多方面改善再生粗骨料的基本性能，使其接近于天然骨料。使用机械设备对再生粗骨料进行进一步处理，通过骨料之间的相互撞击、磨削等机械作用除去再生粗骨料表面黏附的水泥砂浆和颗粒棱角，提高再生粗骨料的性能。综合考虑设备小型化、灵活性及操作简便性等要求，以颗粒整型强化作为整形设备的研发思路。

整形单元包括整形机、轮胎式移动底托、脉冲袋式除尘器、出料皮带机和电控装置，如图 6-9 所示。物料经过进料斗进入整形机内，物料在与转子中心部位分料锥紧密接触后被迅速加速，撞击马蹄形流道头后抛射向四周，冲击到整形室的物料衬层上，进行第一阶段的整形破碎，被反弹后与流道头抛射出的物料形成连续的料幕，进行第二阶段整形破碎；这样，一块物料在破碎腔中经受马蹄形流道头和其他物料衬层的多次撞击作用而

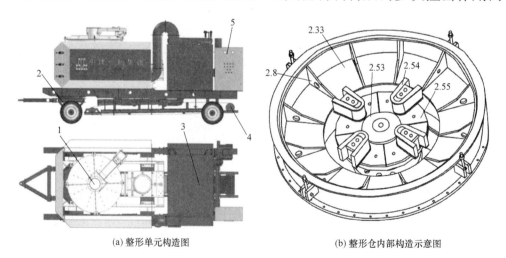

(a) 整形单元构造图   (b) 整形仓内部构造示意图

图 6-9　整形单元结构示意图

1-整形机；2-轮胎式移动底托；3-脉冲袋式除尘器；4-出料皮带机；

5-电控装置；2.33-整形仓；2.53-分料锥头；

2.54-流道头；2.55-钢衬层；2.8-翼板

破碎整形剥离，物料中形状相异的各部分实现完整分离。该整形机的关键部件——带有马蹄形流道头的转子，是针对固体废弃物处理中需要快速将混凝土与粗骨料剥离的工况条件进行的特殊设计，马蹄形流道头双头叶片在高速运转产生的冲击力作用下，对被砂浆包裹的物料实现破碎剥离，又能保证粗骨料粒度形状不被破坏，最终有效实现物料中粗骨料与水泥砂浆的剥离和整形处理，最大限度地提高再生骨料的品质；同时，马蹄形流道头可以正反两个方向旋转，降低生产运营成本，延长马蹄形流道头使用寿命。

整形单元的设备优势有以下几点：

（1）整形效果好，可完全还原天然骨料性状。物料经过进料斗进入整形机，分料锥迅速将其加速，然后马蹄形流道头将物料高速抛射向四周，冲击到整形室的物料衬层上，被反弹后与流道头抛射出的物料形成连续的料幕，单块物料在破碎腔中经受钢衬层和其他物料的多次撞击作用而破碎，使物料中性状相异的各部分实现完整分离。破碎后的物料在重力作用下离开整形室下落，从出料口落出，取得最优的剥离整形效果，快速有效实现再生骨料中天然骨料与水泥砂浆的剥离和整形处理，高效还原废弃混凝土和废渣中的天然骨料。（2）高效节能，整形力度大，生产率提高，可实现顺时针、逆时针旋转整形，提高剥离整形率，提高打击块的使用寿命，而且转子底盘增加衬板，增加了进料板的耐磨强度，提高生产效率。（3）结构简单，整机设备重量小、体积小，固定式高度约 2m，行走式装配于轮式行走底盘上，最大高度 2.7m，最大宽度 1.8m，占地面积小，重量轻，可适应建筑施工现场的狭小场地作业，必要时可将其放置于建筑物内部或通过地下室通道牵引至地下室任何楼层作业，场地条件适应能力强。（4）工作噪声低、无振动，适用范围广，适宜对软或中硬和极硬物料的剥离整形，广泛应用于各种建筑、市政工程生产施工过程及拆除旧有建筑物、构筑物以及装饰碎料等固体废弃物，主要用于混凝土中天然骨料与水泥砂浆的剥离整形，在不损伤天然骨料基础上，完整地还原天然骨料本体性状；对碳化硅、金刚砂、烧结铝矾土、镁砂等高硬、特硬及耐腐蚀性物料等，比其他类型的整形机也有更佳的产量功效。

根据筛分设备需要，研发并采用一种新型振动筛分设备——WFPS 系列复频筛。该设备广泛应用于砂石骨料、建筑装潢垃圾处理、高炉、烧结、焦化等筛分，具有较大的处理量和更高的筛分效率。筛分单元包括轮胎式移动底托、脉冲袋式除尘器、复频振动筛和三个出料口设备（示意图如图 6-10 所示）。复频筛改变了传统振动筛的结构，仅筛板和激振器参与振动，实现静态密封；复频振动筛采用自同步激振器，旋转方向相反且非平行于物料（筛板）平面的两根相距较远并带有偏心质量的转轴，靠两台异步电动机带动皮带轮旋转，实现筛体的直线振动。每个激振器均安装有偏心配重，以产生所需要的振幅。在两台电动机都启动后，振动着的筛芯带动筛板抛掷物料作直线跳动，物料在下落过程中通过不同规格的筛孔，以此达到物料分级的目的。

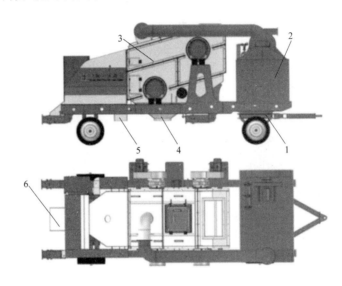

图 6-10　筛分单元结构示意图

1-轮胎式移动底托；2-脉冲袋式除尘器；3-复频振动筛；4-出料口 1；5-出料口 2；6-出料口 3

该设备与同等处理能力的筛分设备相比，参振质量小，振动源结构小，电机功率减少 40％以上，除尘设备独立配置，可减少管道的布置，提高产品纯度；整机重量比传统的筛子轻 30％以上。配合不同粒径筛板，可生产 0～31.5mm 连续颗粒级配的再生骨料。设备在两台电动机都启动的瞬间，两根转轴与筛体自同步旋转，实现筛体的直线振动。振动的筛体驱动筛板抛掷物料运动，物料在下落过程中通过筛孔透筛达到物料分级的目的。该设备的主要优点如下：

（1）直线振形：直线振型使筛机振动方向与筛面形成一定的振动方向角，相较于传统圆振筛，更有利于分级粒度较小物料的筛分，并且筛机筛面倾角相对减小，筛机整体高度相对降低；（2）基础动载荷小，筛机使用寿命长；（3）安装、维护方便，降低安装、维护成本；（4）设备为全密封结构，所需除尘风量小；（5）该设备为筛分设备与除尘器一体机，除尘点到除尘器进气口距离最短，可以避免管道过长造成风量浪费的问题；（6）筛分设备与除尘器采用 PLC 控制启动停止，解决筛分设备暂停运行，集中式除尘器持续运行造成的风量浪费问题。

6.5.2　设备创新点

本次研究提出的固体废弃物综合处理设备成套设备相比于同类其他设备，有如下创新点：

1）该综合处理设备是按照施工现场的需求，基于成熟的破碎、整形、筛分单项技术，改进颗粒整形单元［发明专利：《一种离心式再生骨料剥离整形机》（201910584924.3）］，打破常规大型化成套设备应用技术，进行全新的功能匹配和设计。经改进的整形单元处理后，物料颗粒外部包裹的水泥砂浆与天然骨料剥离，同时因粒料之间相互的高速碰撞，针片状颗粒的比例显著降低，有效提高了再生骨料的品质。

2）小型化与机动化。研发过程中对设备各单元进行了高度集成，在保证设备运行所必须的入料粒径的基础上，控制其长度＜8.5m、宽度＜2.4m、高度＜2.9m。设备的各单元均配备了独立的轮胎式移动车架，使其可被牵引移动［实用新型专利：一种移动整形机（201821697309.0）、实用新型专利：一种移动破碎机（201821697389.X）］，并可通过地下室坡道、90°弯道等空间较狭窄区域，大大提高该设备使用的灵活性。

3）模块组合式。该固废处理设备由破碎单元、整形单元、筛分单元和若干台带式输送机组合而成，各模块均配备独立的电控装置，可根据施工现场的需求控制参加工作的单元模块。同时，各处理模块的数量和组合方式亦可根据施工现场的实际需求进行调整。比如，可同时配备两台不同齿辊间距的破碎单元，进行原料的分级破碎；或者配备两台不同筛网尺寸的筛分单元，得到更多粒径种类的再生骨料。另一方面，因设备各单元均为可移动模块，所以整套设备可根据场地的平面尺寸，按一字排列、平行排列、折线排列等多种形式灵活布置，使整套设备具有更强的场地适应性。

4）低噪声。各设备单元在设计过程中均考虑了噪声排放值。一方面，选择噪声排放值较小的设备单机；另一方面，对于设备运行过程中会产生振动、摩擦等的部位，均采取相应的降噪措施。通过一系列降噪处理，整套设备在施工场界内的噪声声压值控制在 70dB（A）以下，满足《建筑施工场界环境噪声排放标准》GB/T 12523 的要求。

5) 低粉尘。设备各单元均配备了独立的除尘设备，设备运行的过程中，除尘设备同步工作，充分抑制了各单元的粉尘排放。同时，通过除尘设备共享技术［发明专利：除尘设备共享化的建筑废料破碎生产线（201910584920.5）］，实现了各单元除尘设备的共享，将各出风口的粉尘浓度控制在 20 mg/m³ 以下。与现有技术相比，固体废弃物处理成套设备通过除尘设备共享技术，实现了设备的充分利用，保证了设备的粉尘排放量符合绿色施工的要求，同时节省了设备运行过程中的电能消耗。

6.6　资源化利用技术工程应用

成都天投国际商务中心二期项目对于已经产生的施工现场固体废弃物，直接进行再利用或经简单处理后进行再生利用，实现资源化处置。

6.6.1　直接再利用技术

经过源头减量化处理，仍然不可避免地会产生一些建筑垃圾，例如钢筋混凝土等损耗的材料、残缺砌块等，对于这类固体废弃物，资源化利用的思路是通过简单加工再次用于工程施工中。

在钢筋施工中，地板结构钢筋采用抗浮锚杆钢筋制作成的马凳，结构楼板采用成品小直径钢筋废料制作的马凳，实现了对钢筋废料的再利用（图 6-11）。

图 6-11　钢筋废料做成马凳

施工现场模板工程大量应用木方，将现场截断的短木方通过木方接长机接长后回收利用，合理利用了现场大量短木方（图 6-12）。

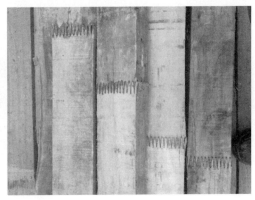

图 6-12　废旧木方接长

施工现场废旧模板作为后浇带盖板，用于结构预留孔洞封堵或楼梯踏步保护，利用边角料模板做外架的踢脚板（图 6-13）。

图 6-13　废旧模板利用

对于已产生的施工现场固体废弃物，尤其是无机非金属类垃圾，本工程通过资源化成套设备进行就地资源化处置。根据现场情况，合理设置了施工现场固体废弃物的再生利用处理区。

6.6.2　资源化设备处理技术

目前资源化处理设备主要用于处理无机非金属类垃圾（包括混凝土、废弃砂浆、废弃水泥、砂、石等）的破碎、筛分与整形（图 6-14）。

工作场地准备

设备安装调试

设备空载试运行

设备正式运行

物料成品效果

物料收集仓

图 6-14 资源化处理工艺与设备

6.6.3 资源化再生产品利用

工程通过资源化综合处理设备生成的再生骨料，经颗粒整形后，性能达到接近天然骨料的部分，交由混凝土搅拌站场外拌制各强度等级的混凝土返回现场，制成混凝土管、步道砖或路缘石等用于后期市政工程，同时也用于场内道路铺垫、肥槽回填、再生砂浆、消防沙箱储备或防汛沙袋填充再利用，通过研发和使用专用设备对废料进行再加工。图 6-15、图 6-16 为生成骨料的检测报告及再生产品利用情况。

再生骨料(细)

再生骨料(细)检测报告

再生骨料(中)

再生骨料(中)检测报告

再生骨料(粗)

再生骨料(粗)检测报告

图 6-15　再生骨料及其检测报告

用于制作混凝土管

用于制作步道砖

用于制作路缘石

用于防汛沙袋填充

图 6-16　再生骨料产品利用

本工程对试制的"施工现场固体废弃物收集及传送机成套设备"进行示范应用，对施工过程中产生的废弃混凝土、砂浆及砂石等材料进行剥离、筛分及收集，有效减少了施工现场固废的排放量，取得了良好的经济、环境效益。

参 考 文 献

［1］ 住房和城乡建设部. 建筑业发展"十三五"规划［R］. 北京：住房和城乡建设部，2017.

［2］ 中华人民共和国国家统计局. ［EB/OL］. （2019-01-04）［2019-05-15］. http：//data. stats. gov. cn/easyquery. htm cn＝C01

［3］ 住房和城乡建设部. 住房城乡建设事业"十三五"规划纲要［J］. 居业，2016（9）：4-13.

［4］ 李秋义. 建筑垃圾资源化再生利用技术［M］. 中国建材工业出版社，2011.

［5］ Ding T，Xiao J. Estimation of building-related construction and demolition waste in Shanghai［J］. Waste Management，2014，34（11）：2327-2334.

［6］ 李颖. 固体废物资源化利用技术［M］. 机械工业出版社，2012.

［7］ 谭晓宁，侯学良. 建筑废弃物再生利用及产业发展探析［J］. 建筑经济，2009（12）：14-16.

［8］ 李扬，李金惠，谭全银，等. 我国城市生活垃圾处理行业发展与驱动力分析［J］. 中国环境科学，2018，38（11）：4173-4179.

［9］ Li J，Ding Z，Mi X，et al. A model for estimating construction waste generation index for building project in China［J］. Resources Conservation & Recycling，2013，74（5）：20-26.

［10］ Lu W，Yuan H，Li J，et al. An empirical investigation of construction and demolition waste generation rates in Shenzhen city，South China［J］. Waste Management，2011，31（4）：680-687.

［11］ Butera S，Christensen TH，Astrup TF. Composition and leaching of construction and demolition waste：Inorganic elements and organic compounds［J］. Journal of Hazardous Materials，2014，276：302-311.

［12］ Duan H，Miller TR，Liu G，Tam VWY. Construction debris becomes growing concern of growing cities［J］. Waste Management，2019，83：1-5.

［13］ Cochran KM and Townsend TG. Estimating construction and demolition debris generation using a materials flow analysis approach［J］. Waste Management，2010，30：2247-2254.

［14］ Ding T and Xiao J. Estimation of building-related construction and demolition waste in Shanghai［J］. Waste Management，2014，34：2327-2334.

［15］ 李景茹，米旭明，丁志坤，et al. 新建工程建筑废弃物产出水平调查分析［J］. 建筑经济，2010（1）：84-87.

［16］ Li Y，Zhang X，Ding G，et al. Developing a quantitative construction waste estimation model for building construction projects［J］. Resources，Conservation and Recycling，2016，106：9-20.

［17］ Huanyu Wu，Huabo Duan. Demolition waste generation and recycling potentials in a rapidly developing flagship megacity of South China：Prospective scenarios and implications. Construction and Building Materials 113（2016）1007-1016

［18］ Chi S P，Yu A T W，See S C，et al. Minimizing demolition wastes in Hong Kong public housing projects［J］. Construction Management & Economics，2004，22（8）：799-805.

［19］ Cochran KM and Townsend TG. Estimating construction and demolition debris generation using a materials flow analysis approach［J］. Waste Management，2010，30：2247-2254.

［20］ Lu W，Peng Y，Chen X，et al. The S-curve for forecasting waste generation in construction projects［J］. Waste Management，2016，56：23-34.

［21］ Katz A and Baum H. A novel methodology to estimate the evolution of construction waste in construction sites［J］. Waste Management，2011，31：353-358.

［22］ Lau HH，Whyte A and Law PL. Composition and characteristics of construction waste generated by residential housing project［J］. International Journal of Environmental Research，2008，2：261-268.

[23] Won J, Cheng JCP and Lee G. Quantification of construction waste prevented by BIM-based design validation: Case studies in South Korea [J]. Waste Management, 2016, 49: 170-180.

[24] Bossink BAG and Brouwers HJH. Construction waste: Quantification and source evaluation [J]. Journal of Construction Engineering and Management, 1996, 122: 55-60.

[25] Wu Z, Yu A T, Shen L, et al. Quantifying construction and demolition waste: an analytical review [J]. Waste Management, 2014, 34 (9): 1683-1692.

[26] 李景茹, 米旭明, 丁志坤, 等. 新建工程建筑废弃物产出水平调查分析 [J]. 建筑经济, 2010 (1): 83-86

[27] De Guzman Baez A, Villoria Saez P, Del Rio Merino M, et al. Methodology for quantification of waste generated in Spanish railway construction works [J]. Waste Management, 2012, 32 (5): 920-4.

[28] Parisi Kern A, Ferreira Dias M, Piva Kulakowski M, et al. Waste generated in high-rise buildings construction: A quantification model based on statistical multiple regression [J]. Waste Management, 2015, 39: 35-44.

[29] Cheng J C P, Ma L Y H. A BIM-based system for demolition and renovation waste estimation and planning [J]. Waste Management, 2013, 33 (6): 1539-1551.

[30] Katz A, Baum H. A novel methodology to estimate the evolution of construction waste in construction sites [J]. Waste Management, 2011, 31 (2): 353-358.

[31] Lu W, Peng Y, Chen X, et al. The S-curve for forecasting waste generation in construction projects [J]. Waste Management, 2016, 56: 23-34.

[32] Shi J, Xu Y. Estimation and forecasting of concrete debris amount in China [J]. Resources, Conservation and Recycling, 2006, 49 (2): 147-158.

[33] 王桂琴, 张红玉, 李国学, et al. 灰色模型在北京市建筑垃圾产生量预测中的应用 [J]. 环境工程, 2009, (s1): 508-511.

[34] 周豪奇, 张云宁, 赵杰. 基于灰色预测模型 GM (1, 1) 的建筑垃圾产量研究 [J]. 武汉理工大学学报 (信息与管理工程版), 2016, 38 (5): 612-615.

[35] Murtala, A. L. Neural Network-Based Cost Predictive Model for BuildingWorks [D]. CovenantUniversity, Ota, Nigeria, 2011.

[36] Kim, S.; Shim, J. H. Combining case-based reasoning with genetic algorithm optimization for preliminary cost estimation in construction industry [J]. Can. J. Civ. Eng. 2014, 41, 65-73.

[37] 吴泽洲. 建筑垃圾量化及管理策略研究 [D]. 重庆: 重庆大学, 2012

[38] Kim, S.; Shim, J. H. Combining case-based reasoning with genetic algorithm optimization for preliminary cost estimation in construction industry [J]. Can. J. Civ. Eng. 2014, 41, 65-73.

[39] Viharos, Z. J.; Mikó, B. Artificial neural network approach for injection mould cost estimation. In Proceedings of the 44th CIRP Conference on Manufacturing Systems, New Worlds of Manufacturing, Madison, WI, USA, 1-3 June 2009.

[40] Kong, F., Wu, X.; Cai, L. Application of RS-SVM in construction project cost forecasting. In Proceedings of the 4th International Conference on Wireless Communications, Networking and Mobile Computing, Dalian, China, 12-14 October 2008.

[41] An, S. H.; Park, U. Y.; Kang, K. I.; Cho, M. Y.; Cho, H. H. Application of support vector machines in assessing conceptual cost estimates [J]. J. Comput. Civ. Eng. 2007, 21, 259-264.

[42] Zade, M. J. G.; Noori, R. Prediction of municipal solid waste generation by use of artificial neural network: A case study of mashhad [J]. Int. J. Environ. Res. 2008, 2, 13-22.

[43] Noori, R.; Abdoli, M. A.; Ghazizade, M. J.; Samieifard, R. Comparison of neural network and principal component-regression analysis to predict the solid waste generation in Tehran [J]. Iran. J. Public Health 2009, 38, 74-84.

[44] Kim, G. H.; Shin, J. M.; Kim, S.; Shin, Y. Comparison of school building construction costs estimation methods using regression analysis, neural network, and support vector machine [J]. J. Build. Constr. Plan. Res. 2013, 1, 1-7.

[45] 曾光,李方芳,唐堂,鲁官友,雷国元. 基于清洁生产理念的建筑垃圾减量技术 [J]. 环境工程, 2020, 38 (5): 138-143.

[46] 张肖明,黄沛增,崔庆怡. 西安市建筑垃圾减量化和资源化利用现状研究 [J]. 建筑节能,2020,48 (1): 102-107.

[47] Fan Zhang, Yanbing Ju, Peiwu Dong, Ernesto DR Santibanez Gonzalez. A fuzzy evaluation and selection of construction and demolition waste utilization modes in Xi'an, China [J]. Waste Management & Research, 2020, 38 (7).

[48] Flávia Tuane Ferreira Moraes, Andriani Tavares Tenório Gon? alves, Josiane Palma Lima, Renato da Silva Lima. An assessment tool for municipal construction waste management in Brazilian municipalities [J]. Waste Management & Research, 2020, 38 (7).

[49] 李政道. 基于系统动力学的设计阶段建筑废弃物减量化效果评估 [D]. 深圳:深圳大学,2013.

[50] 谭晓宁. 建筑废弃物减量化行为研究 [D]. 西安:西安建筑科技大学,2011.

[51] 李景茹,丁志坤,米旭明. 施工现场建筑废弃物减量化措施调查研究 [J]. 工程管理学报,2010, Vol. 24 No. 3.

[52] Zhikun Ding, Guizhen Yi, Vivian W. Y. TamA system dynamics-based environmental performance simulation of construction waste reduction management in ChinaWaste Management 51 (2016) 130-141.

[53] 郝建丽等. 建筑废弃物的综合减量化措施 [J]. 重庆环境科学,2003 (11): 10-14

[54] NBIMS (2007). National Building Information Modeling Standard Part-1: Overview. Principles and Methodologies. US National Institute of Building Sciences Facilities Information Council. BIM Committee.

[55] Davies R, Harty C. Building Information Modelling as innovation journey: BIM experiences on a major UK healthcare infrastructure project. 6th Nord Conf Constr Econ Organ Constr/Soc Nexus 2011.

[56] Eastman CM. Building product models: computer environments supporting design and construction. Boca Raton: CRC; 1999.

[57] Pratt MJ. Extension of ISO 10303, the STEP standard, for the exchange of procedural shape models. IEEE Proc Shape Model Appl 2004; 317-26.

[58] Schlueter A, Thesseling F. Building information model based energy/exergy performance assessment in early design stages. Autom Constr 2009; 18: 153-63.

[59] Center for Integrated Facility Engineering (CIFE) (2007). CIFE Technical Reports. ? http: //cife. stanford. edu/Publications/index. html?. [accessed on 08. 08. 15].

[60] Kaner I, Sacks R, Kassian W, Quitt T. The pace of technological innovation in architecture, engineering, and construction education: integrating recent trends into the curricula. J Inf Technol Constr 2008; 13: 303-23.

[61] Li H, Lu WS, Huang T. Rethinking project management and exploring virtual design and construction as a potential solution. Constr Manag Econ 2009; 27 (4): 363-71.

[62] AIA and AIA CC (2007). Integrated Project Delivery: A Guide. AIA's Documents Committee and AIA

California Council.

[63] Fischer M and Kunz J (2004). The Scope and Role of Information Technology in Construction. ? http：// cife. stanford. edu/online. publications/TR156. pdf.

[64] Shen LY，Tam VW，Tam CM，Drew D. Mapping approach for examining waste management on construction sites. J Constr Eng Manag 2004；130 (4)：472-81.

[65] Sive T (2009). Integrated Project Delivery：Reality and Promise, A Strategist's Guide to Understanding and Marketing IPD, Society for Marketing Professional Services Foundation，July 2009.

[66] Liu H，Al-Hussein M，Lu M. BIM-based integrated approach for detailed construction scheduling under resource constraints. Autom Constr 2015；53：29-43.

[67] HM Government 2013. Building Information Modelling Industrial strategy：government and industry in partnership. London，UK. Available at：? https：//www. gov. uk/government/uploads/system/uploads/?

[68] Jongsung Won，Jack C. P. Cheng，Ghang Lee Quantification of construction waste prevented by BIM-based design validation：Case studies in South Korea. Waste Management 49 (2016) 170-180.

[69] Porwal A，Hewage K. Building Information Modeling-based analysis to minimize waste rate of structural reinforcement. J Constr Eng Manag 2012；138 (8)：943-54.

[70] Jin Yi，Chenghao Liang，Junfeng Qian，Jue Li，Yongsheng Yao，Fan Gu. Laboratory Evaluation and Design of Construction and Demolition Wastes for Granular Base [J]. Advances in Civil Engineering，2020，2020.

[71] Marcelino Gabriela Ribeiro，Carvalho Karina Querne de，Lima Mateus Xavier de，Passig Fernando Hermes，Belini Aldria Diana，Bernardelli Jossy Karla Brasil，Nagalli André. Construction waste as substrate in vertical subsuperficial constructed wetlands treating organic matter, ibuprofenhene, acetaminophen and ethinylestradiol from low-strength synthetic wastewater. [J]. The Science of the total environment，2020，728.

[72] Environmental Pollution；New Findings from National Autonomous University of Mexico (UNAM) Describe Advances in Environmental Pollution [Evaluation of the Complex Dynamic Modulus of Asphaltic Concretes Manufactured With Construction and Demolition Waste (Cdw) Aggregates] [J]. Ecology, Environment & Conservation，2020.

[73] 陈起俊，张瑞瑞. 基于 LC 的建筑废弃物资源化产业发展研究 [J]. 科技管理研究，2020，40 (11)：216-225.

[74] Osmani M.，Glass J.，Price A. D. F.. Architects' perspectives on construction waste reduction by design [J]. Waste Management 28 (2008)：1147-1158.

[75] Ruoyu Jina，Bo Lib，Tongyu Zhouc，etc.. An Empirical Study of Perceptions towards Construction and Demolition Waste 2 Recycling and Reuse in China [J]. Resources Conservation & Recycling，2017，126：86-98.

[76] Anne Ventura，Maxime Trocmé. Management of Construction Waste：LCA and Complex System Modeling [M] // Designing Sustainable Technologies，Products and Policies. 2018.

[77] Wang J，Li Z，Tam V W Y. Identifying best design strategies for construction waste minimization [J]. Journal of Cleaner Production，2015，92：237-247.

[78] Duran，X.，Lenihan，H. and ORegan B.. A model for assessing the economic viability of construction and demolition waste [J]. Resources，Conservation and Recycling，2006 (46)：302-320.

[79] 李颖. 固体废物资源化利用技术 [M]. 机械工业出版社，2012.

［80］ Bob Jan Schoot Uiterkamp，Hossein Azadi，Peter Ho. Sustainable recycling model：A comparative analysis between India and Tanzania ［J］. Resources Conservation & Recycling，55（3）：344-355.

［81］ Du Qiang，Zhao Liping，Zhao Lei，Guo Ying. Technical and economic feasibility of construction and demolition waste used in road construction ［P］. Water Resource and Environmental Protection（ISWREP），2011 International Symposium on，2011.

［82］ Jong-Suk Jung，Sang-Hoon Song，Myoung-Hoon Jun，Seong-Sik Park. A comparison of economic feasibility and emission of carbon dioxide for two recycling processes ［J］. KSCE Journal of Civil Engineering，2015，19（5）.

［83］ Wang Chuan，Wu Jian-Zhi，Zhang Fu-Shen. Development of porous ceramsite from construction and demolition waste. ［J］. Environmental technology，2013，34（13-16）.

［84］ Sangiorgi，C.，Lantieri，C.，Dondi，G.. Construction and demolition waste recycling：an application for road construction. International Journal of Pavement Engineering. 2014，8436，1-8.

［85］ 赵文光，张晓梅. 建筑垃圾再生工艺及设备 ［J］. 建设科技，2014（1）：58-59.

［86］ TEREX CORPORATION. ［EB/OL］.（2020-01-04）［2020-05-15］. https：//www. terex. com/zh/.